図解・燃料電池自動車のメカニズム
水素で走るしくみから自動運転の未来まで

川辺謙一 著

ブルーバックス

装幀／芦澤泰偉・児崎雅淑
カバー写真／トヨタ自動車
もくじ・本文デザイン・図版／川辺謙一

はじめに

　燃料電池自動車や電気自動車の運転は楽しい。これらの乗用車は、「究極のエコカー」と呼ばれ、走行中に環境に有害とされる排気ガスを出さないことがよく知られているが、ただ「エコ」であるだけでなく、ガソリン自動車とは異なる走りが楽しめるクルマなのだ。実際にハンドルを握り、運転すると、その走りのちがいに気付く。

　まず、スタートダッシュがパワフルで、レスポンスが良い。それは街で発進と停車を繰り返すとよくわかる。右足でアクセルペダルをグッと踏み込めば、モーターが瞬時に応答して車輪を駆動し、グイッと発進する。静かに、なめらかに、そして背中を押すように力強く加速し、あっと言う間に制限速度に達する。その静かさとスムーズさは、ガソリン自動車の運転では味わえない感覚だ。

　山道の運転も楽しい。コーナリングがスムーズだ。ワインディングロードで連続する急カーブもスムーズに通過する。重いエンジンがない分、クルマ全体の重量バランスがよく、操縦安定性が優れているからだ。窓を開けて走れば、上り坂でもエンジン音は聞こえず、鳥の鳴き声がはっきり聞こえる。

　そしてこれらは、ただエンジンをモーターに換えたクルマではない。ただ環境に優しいクルマでもない。エネルギーの節約のために我慢を強いるだけのクルマでもない。従

来の自動車とは運転感覚が明らかにちがうクルマだ。

　そんなクルマは、もはや未来の乗り物ではない。燃料電池自動車は、今まで長らく走り続けたテストコースを飛び出し、いよいよ公道を走る乗り物になった。リチウムイオン電池を搭載した電気自動車は、一足先に公道に現れ、充電スタンドで充電している姿も珍しくなくなった。

　とはいえ、購入するとなると、躊躇（ちゅうちょ）する人も多いだろう。
　まず気になるのは、その値段だ。もちろん、1000万円を超える高級車にくらべれば安いものが多いが、同クラスのガソリン自動車とくらべると高い。日本では国からの補助金を受けられる車種もあるが、それでも割高だ。
　使い勝手も気になる。燃料電池自動車の燃料である水素は、水素ステーションでしか充塡できない。日本では、一般向けの水素ステーションの整備が2014年に始まったばかりで、設置数も少ない。こうした状況が今後どのように改善されるかは、予測するのが難しい。電気自動車には、充電に時間がかかり、1回の充電で走行できる距離が短いというイメージがある。

　本書では、そんなクルマのうち、2014年に一般販売されたばかりの燃料電池自動車を中心に、構造・機能・走行原理などを紹介する。同時に、要となる電池技術や、比較対象となる電気自動車やハイブリッド自動車（プラグイン・

はじめに

ハイブリッド自動車もふくむ）についても解説する。比較対象となる自動車は、モーターで車輪を駆動する点で共通し、電池技術もふくめて燃料電池自動車の基礎になっている。

内容は乗用車が中心になるが、バスやトラックなどの大型車についてもふれる。本書が読者にとって、駆動を電動化したクルマ――電動自動車――を知る入門書となれば幸いである。

なお本書では、筆者は一般向けに翻訳する立場に徹した。電池技術と関係が深い電気化学を大学と大学院で学んだが、自動車や電池を開発する技術者ではないので、それぞれの専門家の協力を得て執筆した。皆様に感謝申し上げる。

クルマの構造を理解するなら、実物を観察した上で、実際に運転するほうが早い。そこで、本書の第1章、第3章、第5章には、読者が自動車の運転を擬似体験できる部分を設けた。ぜひ自分の手でハンドルを握り、足でペダルを操作する姿を思い浮かべながら読んでいただきたい。きっと瞬間的に何かがわかったような感覚になるだろう。

目の前には、これから乗る燃料電池自動車が駐めてある。手にしたインテリジェントキーのボタンを押してロックを解除。ドアを開けて運転席に座り、ハンドルを握ったら、いざ出発！

図解
燃料電池自動車のメカニズム
CONTENTS

第1章　燃料電池自動車のしくみ

1-1 「ミライ」を試乗する	022
1-2 燃料電池自動車の構造に迫る	029
1-3 走りと構造の関係	040
1-4 燃料電池のしくみ	053
1-5 燃料電池自動車の気になる点	
1-5-1 高価である理由	064
1-5-2 水素の話	069
1-5-3 水の問題	076
1-6 普及のための課題	078
コラム 「JC08モード」とは何か	081

第2章　水素ステーションと充電スタンド

2-1 水素ステーションのしくみ	085
2-2 充電スタンドのしくみ	091
2-3 給油インフラの歴史	099

◀「ミライ」のカットモデル・「自動車技術展2015」会場にて
▶「ミライ」のパワートレイン模型・MEGA WEBにて

第3章　電気自動車のしくみ

- **3-1**　「リーフ」を運転する　　104
- **3-2**　走りと構造の関係　　113
- **3-3**　リチウムイオン電池　　119
- **3-4**　電気自動車の構造と車種　　127
- **3-5**　電気自動車は便利か　　132
- **3-6**　超小型モビリティ　　134

第4章　電動自動車の歴史

- **4-1**　140年以上前に存在した電気自動車　　140
- **4-2**　第1次ブーム・電気自動車の黄金期　　142
- **4-3**　日本と電気自動車　　147
- **4-4**　第2次ブーム・ZEV法と電気自動車　　150
- **4-5**　第3次ブーム・量産化と普及へ　　166

第5章　ハイブリッド自動車のしくみ

- **5-1**　「プリウス」を運転する　　172
- **5-2**　走りと構造の関係　　183
- **5-3**　ニッケル水素電池　　191
- **5-4**　ハイブリッド自動車のしくみ　　198
- **5-5**　プラグイン・ハイブリッド自動車のしくみ　　208

第 6 章　電動自動車の新技術

- **6-1** 進化するモーターと制御　　　　212
- **6-2** 新しい動きを実現する技術　　　216
- **6-3** 新しい蓄電技術　　　　　　　　219
- **6-4** 電力供給源になった電動自動車　223

第 7 章　電動自動車の今後

- **7-1** 広がる電動自動車の領域　　　　228
- **7-2** 新しい給電の可能性　　　　　　232
- **7-3** 電動自動車のこれから　　　　　234

あとがきにかえて　　　　　　　　　　238
おもな参考文献および図版の出典　　　240
さくいん　　　　　　　　　　　　　　245

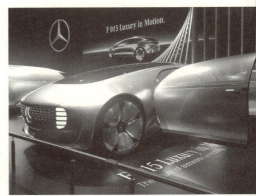

メルセデス・ベンツ（ダイムラー社）が発表した自動運転車・「東京モーターショー2015」会場にて

おもな燃料電池自動車①

1966年発表

GM「シボレー・エレクトロバン」

1994年発表　ダイムラー・ベンツ「NECAR1（ネッカーワン）」[1]

1997年発表　　　　　「NECAR3（ネッカースリー）」[2]

ダイムラー・ベンツ　　　「NEBUS（ニーバス）」[1]

1999年発表　　ホンダ「FCX-V1」[3]

写真：[1] ダイムラー社，[2] 読売新聞／アフロ，[3] 本田技研工業

おもな燃料電池自動車②

2001年 発表
トヨタ・日野
「FCHV-BUS」

愛知万博会場（2005年）

トヨタ博物館

2002年
日米で限定
リース販売開始
トヨタ「FCHV」

2003年 限定リース販売開始
日産「X-TRAIL FCV」[4]

写真は2005年モデル

2007年 発表　ホンダ「FCX クラリティ」[5]

2014年 一般販売開始　トヨタ「ミライ」[6]

写真：[4] 日産自動車，[5] 本田技研工業，[6] トヨタ自動車

FCV 燃料電池自動車

トヨタ自動車提供

トヨタ・ミライ
世界初の量産型乗用車

比較グレード	
寸法（全長×全幅×全高）	4,890×1,815×1,535（mm）
車両総重量	2,070kg
消費するエネルギー源	水素（圧縮水素）
燃料タンク	高圧水素タンク （122.4L／70MPa）
駆動用バッテリー （容量）	ニッケル水素電池 （6.5Ah）
燃料電池 （最大出力）	固体高分子形燃料電池 （114kW）
エンジン （最大出力／最大トルク）	
モーター （最大出力／最大トルク）	永久磁石形同期モーター （113kW／335N・m）
航続距離	約 650km （JC08モード）
燃費	
車両価格（税込）	7,236,000 円

※データは 2014 年 12 月時点
（一般販売開始時）

EV 電気自動車	HV ハイブリッド自動車
 日産自動車提供	 トヨタ自動車提供
日産・リーフ 累計販売台数世界最多	**トヨタ・プリウス** 世界初の量産型乗用車
S	L（3代目）
4,445×1,770×1,550（mm）	4,480×1,745×1,490（mm）
1,705kg	1,585kg
電気	ガソリン
	ガソリンタンク （45L）
リチウムイオン電池 （24kWh）	ニッケル水素電池 （6.5Ah）
	ガソリンエンジン （73kW／142N・m）
永久磁石形同期モーター （80kW／254N・m）	永久磁石形同期モーター （60kW／207N・m）
228km （JC08 モード）	
	32.6km/L （JC08 モード）
2,663,280 円	2,232,000 円
※データは 2015 年 10 月時点 （モデルチェンジ前）	※データは 2015 年 10 月時点 （モデルチェンジ前）

パワートレインの構成

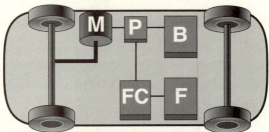

FCV 燃料電池自動車
（トヨタ・ミライ）

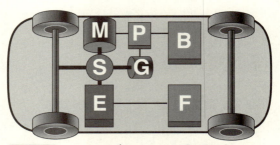

HV ハイブリッド自動車
（トヨタ・プリウス）

M	モーター	P	パワーコントロールユニット
E	エンジン	B	駆動用バッテリー
G	発電機	F	燃料タンク
T	トランスミッション	FC	燃料電池
S	動力分割機構		

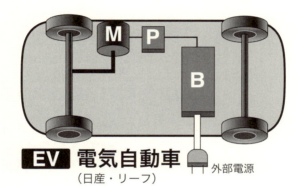

EV 電気自動車
（日産・リーフ）

外部電源

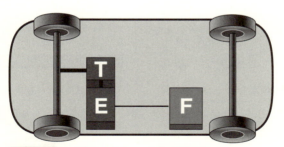

GV ガソリン自動車
（FF車）

クルマの電池

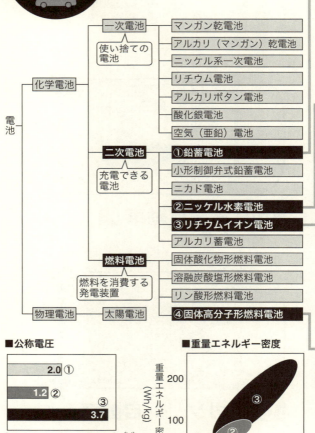

- 電池
  - 化学電池
    - 一次電池（使い捨ての電池）
      - マンガン乾電池
      - アルカリ（マンガン）乾電池
      - ニッケル系一次電池
      - リチウム電池
      - アルカリボタン電池
      - 酸化銀電池
      - 空気（亜鉛）電池
    - 二次電池（充電できる電池）
      - ①鉛蓄電池
      - 小形制御弁式鉛蓄電池
      - ニカド電池
      - ②ニッケル水素電池
      - ③リチウムイオン電池
      - アルカリ蓄電池
    - 燃料電池（燃料を消費する発電装置）
      - 固体酸化物形燃料電池
      - 溶融炭酸塩形燃料電池
      - リン酸形燃料電池
      - ④固体高分子形燃料電池
  - 物理電池
    - 太陽電池

■公称電圧
- 2.0 ①
- 1.2 ②
- 3.7 ③

(V)

■重量エネルギー密度

重量エネルギー密度（Wh/kg）／体積エネルギー密度（Wh/dm³）

①鉛蓄電池

自動車の補機用バッテリー

$PbO_2 + 2H_2SO_4 + Pb \rightleftarrows 2PbSO_4 + 2H_2O$

- 酸化鉛
- 硫酸（電解液）
- 鉛
- 硫酸鉛
- 水

→ 放電
← 充電

②ニッケル水素電池

ハイブリッド自動車の駆動用バッテリー

$MH + NiOOH \rightleftarrows M + Ni(OH)_2$

- 水素吸蔵合金
- オキシ水酸化ニッケル
- 水酸化ニッケル

③リチウムイオン電池

電気自動車の駆動用バッテリー

$Li_{1-x}CoO_2 + Li_xC \rightleftarrows LiCoO_2 + C$

- コバルト酸リチウム
- グラファイト（炭素）

※化学反応式は以下の場合
正極：コバルト酸リチウム
負極：グラファイト

④固体高分子形燃料電池

燃料電池自動車の発電装置

$2H_2 + O_2 \rightleftarrows 2H_2O$

- 水素
- 酸素
- 水

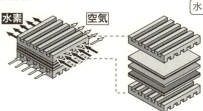

第1章 燃料電池自動車のしくみ

Fuel Cell Vehicle : FCV

TOYOTA MIRAI

1-1 「ミライ」を試乗する

■燃料電池自動車とはなにか

　さあ、これから燃料電池自動車（Fuel Cell Vehicle：FCV）を試乗しよう。運転するのは、トヨタ自動車（トヨタ）が開発した「MIRAI（ミライ）」だ（写真1-1）。燃料電池自動車で、現在一般販売されている量産型の乗用車は、世界で1車種、この「ミライ」だけだ（2016年1月時点）。

　「ミライ」が燃料電池自動車であることは、見た目ではわかりにくい。そこで、試乗する前に、燃料電池自動車がど

写真1-1　トヨタの燃料電池自動車「ミライ」（東京台場・MEGA WEB）

第1章　燃料電池自動車のしくみ

んな自動車かをおさらいしておこう。

　燃料電池自動車は、近年話題になっている次世代自動車の1種で、「はじめに」でもふれたように、電気自動車とともに「究極のエコカー」と呼ばれ、普及することが期待されている。

　その走りのしくみは、ガソリン自動車と根本的にちがう。電気自動車とくらべると、車輪をモーターのみで駆動する点は同じだが、燃料電池を搭載している点が異なる。燃料電池は、発電装置の1種で、水素と空気中の酸素を反応させて発電し、水を排出する。

　このため、燃料電池自動車は、燃料が水素で、走行中には燃料電池から出る水しか出さない。燃料電池やモーターは大きな音を出さないので、静かに走る。

　いっぽうガソリン自動車は、燃料がガソリンで、ガソリンエンジン(以下、エンジン)が車輪を駆動して走る。このエンジンが、排気ガスや音、振動の発生源でもある。排気ガスは、エンジン内部でガソリンが燃えて出るもので、環境に有害とされる物質、たとえば二酸化炭素（CO_2）や窒素酸化物（NO_x）、硫黄酸化物（SO_x）、粒子状物質（PM）などをふくんでいる（図1-1）。近年はこれらの物質の排出量や、走行中に生じる音や振動を減らす工夫がされているが、それでもゼロにはできない。

　燃料電池自動車は、約130年の歴史があるガソリン自動車に代わる存在として、注目されている。走行中に環境に無害な水しか出さず、有害とされる物質を出さない。しかも、ガソリン自動車よりも静かに走るからだ。

図1-1　燃料電池自動車は走行中に有害な物質を出さない

そのため世界の複数の自動車メーカーが、燃料電池自動車を開発している。日本では、五十音順にトヨタ、日産自動車（日産）、本田技研工業（ホンダ）などが開発しており、すでにリース販売した自動車メーカーも複数ある。ただし、冒頭で紹介したように、一般販売された量産型の乗用車は、「ミライ」のみだ。

「ミライ」は、もっとも気軽に試乗できる燃料電池自動車でもある。たとえば東京のお台場にあるトヨタのテーマパーク「MEGA　WEB（メガウェブ）」では、ほぼ毎日テストコースで実車を試乗できるので、普通自動車免許を持つ人なら誰でも運転を体験できる。

■マフラーや排気口がないクルマ

これから運転する「ミライ」は、4人乗り乗用車で、3ナンバー・4ドアセダンだ。一般販売は2014年12月、本格的な生産は2015年2月から始まった。名前の由来は、珍しく日本語で、「未来」だ。

第1章 燃料電池自動車のしくみ

まずは「ミライ」の前に立ち、ボディ全体を見渡してみよう。まず目につくのは、最前部の左右両側にある大きな通気口（サイドグリル）だ。トヨタの技術報告書（トヨタ・テクニカル・レビュー）には、大きく強調した理由を「冷却のための空気を入れる技術・知恵をカタチにした」と記してある。

これは、デザイン上の特徴であり、燃料電池自動車の構造によるものではない。ガソリン自動車の中にも、サイドグリルを設けた車種は存在する。

燃料電池自動車ならではの特徴は、前部ではなく、後部で見つかる。「ミライ」にはガソリン自動車にあるマフラー（消音器）や、排気ガスを出す排気口がないのだ。

また、ボディ後方の床下をのぞき込むと、床面中央に円

写真1-2　「ミライ」の排水口。ボディ後方床面にある。排水をわかりやすくするため、強制排水させた

25

形の穴が開いているのがわかる（写真1-2）。この穴は排水口で、燃料電池が出す水がここから排出される。

■エンジン音が響かず静かに起動

　ドアを開けて、運転席に座り、車内を見回してみよう（写真1-3）。独特なインテリアデザインに目が行くが、ざっと見た感じでは燃料電池自動車ならではの特徴は見当たらない。

　ドライバーが操作するハンドル（ステアリング）やペダルの位置は、ガソリン自動車のAT車とほぼ同じだ。足下には3つのペダルがあり、左からパーキングブレーキ、ブレーキペダル、アクセルペダルだ。左がブレーキペダル、右がアクセルペダルという配置は、AT車と同じだ。
「ミライ」を起動するときは、キーを回すのではなく、パワースイッチを押す。パワースイッチは、電源を示すマークが入った円形ボタンで、ハンドルの右側にある。ハイブリッド自動車や電気自動車にあるスイッチで、ガソリン自動車にはない。

　起動が静かだ。パワースイッチを押すと、パソコンのようにメロディーが流れてシステムが起動する。前方と左側のインフォグラフィック（車両情報表示）の画面が光り、エアコンが立ち上がるが、エンジンが出すような大きな音はしない。エアコンを止めると、吹出口から聞こえていた「サー」という空気が流れる音が消え、ほとんど音が聞こえなくなる。

　ガソリン自動車が起動すると、エンジンが始動してアイ

第 1 章　燃料電池自動車のしくみ

写真1-3　「ミライ」の車内（写真：トヨタ自動車）

ドリングが始まり、エンジンで発生した音や振動がボディに伝わる。「ミライ」はエンジンがないので、そのような音や振動がボディに伝わらない。「本当に起動したのか？」と思えるほど、静かで揺れない。これでスタンバイ状態だ。

■「異次元の走り」とはどんなものか？
　さあ、「ミライ」を走らせてみよう。運転操作も、AT車と同じだ。
「それならガソリン自動車と同じではないか」と思う方もいるだろう。たしかに、運転操作が同じであれば、たんに燃料の種類や走るしくみがちがうだけで、走りは同じクルマに思える。
「ミライ」の公式カタログには、走りの特徴を「驚くほど静かで滑らか。つまり異次元の走り。」と記してある。こ

れを見て、「大げさな表現だ」と思う人もいるだろう。ただ、実際に運転すると、ガソリン自動車との走りのちがいに気付く。

　ハンドルを握り、右足でブレーキペダルを踏み、左足でパーキングブレーキを解除。そして、右足をブレーキペダルから離すと、「ミライ」はスッと静かに動き出す。

　そのあとは、アクセルペダルを踏まなくても、ゆっくりと走り続ける。このとき、モーターが車輪を駆動するが、目立つ音は出ない。音以外は、AT車がクリープ現象で動く状態に似ている。と言うより、ドライバーが戸惑わないように似せてある。

　走りのちがいがわかるのは、これからだ。右足をアクセルペダルに移し、軽く踏むと、瞬時に応答して加速が始まる。初めて運転すると、この瞬間に驚く。ガソリン自動車よりも明らかに応答が速く、タイムラグをほとんど感じない。右足の動きが、ほぼそのままモーターや車輪の動きに反映されているかのように感じるほどだ。

　加速のときも車内は静かだ。ただ、耳に神経を集中させると、かすかに「キーン」という音が聞こえ、速度が上がると音が高くなる。

　筆者は、MEGA WEBの試乗コースでスタッフに同乗してもらい、強めにアクセスペダルを踏んだことがある。加速の様子からガソリン自動車との走行性能のちがいがよくわかった。

　右足でアクセルペダルを踏み込むと、その瞬間にグイッと加速が始まる。背中が座席にほぼ同じ力で押される状態が続き、横に見える景色の流れがどんどん速くなる。まる

で離陸直前に滑走路で加速する航空機に乗っているときのようだ。AT車のような駆動の回転力（トルク）の変化は、ほとんど感じない。

　加速は、静かでなめらかだ。ガソリン自動車のMT車や、一部のAT車のような変速ショックは感じない。加速は、高排気量のガソリン自動車のようにパワフルだが、速度とともに高鳴るエンジン音は聞こえない。代わりに「ヒューン」という音が座席の下から聞こえる。

　速度は、発進からトップスピードまで、大きいトルクを維持しながら、スムーズに上がる。速度計の数値は見る見る上がり、あっと言う間に100km/h（2015年1月時点の試乗コースの最高速度）に達するが、その実感が湧きにくい。あまりに静かに走るからだ。エンジンがうなる重々しさがない分、軽やかに走るように感じる。

　アクセルペダルの応答は、高速走行中でも速い。右足でアクセルペダルを細かく動かすたびに、走りがクイクイッと俊敏に変わる。ガソリン自動車では味わえない感覚だ。

　カーブでハンドルを切ると、スッと応答して、なめらかなコーナリングができる。一般のガソリン自動車では、急カーブに少々速めで突っ込むと、遠心力の影響でふらつき、走行が不安定になることがあるが、「ミライ」ではそうなりにくい。

 ## 1-2　燃料電池自動車の構造に迫る

なぜこのような走りができるのか。構造をくわしく見な

がら探ってみよう。

■ボンネットを開けてみる

「ミライ」などの燃料電池自動車は、パワートレインと呼ばれる部分に大きな特徴がある（図1-2）。パワートレインとは、自動車部品の中の「動くしくみ」、つまり、モーターやパワーコントロールユニットのように、動力を車輪に伝える装置の総称だ。

一般のセダンでは、パワートレインの一部が前部のボンネットの内部にある。ガソリン自動車と「ミライ」のボンネットをそれぞれ開けて、内部の構造をくらべてみよう。

ガソリン自動車（FF車）では、ボンネット内部のほぼ

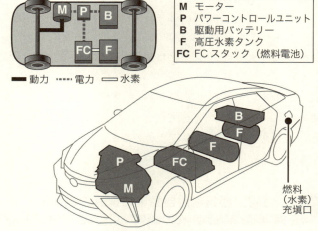

図1-2 「ミライ」のパワートレイン（イメージ）

第 1 章　燃料電池自動車のしくみ

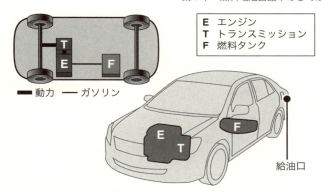

図1-3　ガソリン自動車・FF車のパワートレイン（イメージ）

中央にエンジンがある（図1-3）。そのすぐ横にはトランスミッションがあり、エンジンとつながっている。動力は、「エンジン→トランスミッション→車輪」の順に伝わる。

「ミライ」では、ボンネット内部にエンジンやトランスミッションがない（写真1-4）。その代わり、中央には銀色の箱形部品があり、その下に銀色の円筒形部品がある。

箱形部品は、走りを司るパワーコントロールユニットだ。上面に「FUEL CELL（燃料電池）」と書いてあるが、燃料電池ではない。パワーコントロールユニットは、モーターの回転速度や出力、燃料電池の発電量をそれぞれ制御する装置で、電気や水素の流れを調節している。力強い加速のときは、モーターに流れる電流や、燃料電池に流れる水素の量が最大になる。

その下にある円筒形部品は、車輪を駆動するモーターだ。モーターは1個で、2つの前輪を駆動する。加速性能

写真1-4 「ミライ」のボンネット内部（カットモデル・自動車技術展2015）

を左右する最大トルクは335N・mで、ガソリン自動車のエンジンで例を挙げるなら総排気量3.0LのV6エンジンと同等だ。しかし、「ミライ」のモーターが占める容積は、このV6エンジンよりも小さい。

　エンジンがないことは、それにともなう消耗品もないことを指す。つまり、ガソリン自動車とはちがって、エンジンオイルや、そのフィルターとなるエレメントを定期的に交換する必要もない。これは、燃料電池自動車だけでなく、電気自動車にも共通する利点だ。

「ミライ」のパワートレインは、もちろんパワーコントロールユニットやモーターだけではない。ほかにも燃料電池や、高圧水素タンク、そして駆動用バッテリーがあり、それぞれボンネット内部以外の、通常は見えない位置にある

第1章　燃料電池自動車のしくみ

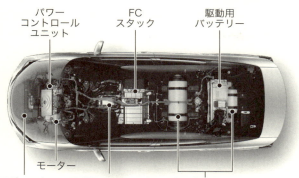

図1-4　上から見たパワートレイン（図：トヨタ自動車）

写真1-5　FCスタックと高圧水素タンク（カットモデル・自動車技術展2015）

（図1-4）。

　燃料電池は、FCスタックと呼ばれる部品の内部にある。

FCスタックは、運転席や助手席の下にある（写真1-5）。

　高圧水素タンクと駆動用バッテリーは、ボディの後方にある。高圧水素タンクは、燃料となる水素を高圧で充塡するタンクで、後部座席の座面の下と、トランクルームの下に1本ずつ、あわせて2本ある。

　駆動用バッテリーは、後部座席の背もたれの後方にあり、駆動に使う電気を充電したり放電したりする。内部には、大容量のニッケル水素電池がある。従来の自動車の補機バッテリーに使われる鉛蓄電池よりも容量が大きい。

　パワートレインの部品は、それぞれ電気を通す電線や水素を送るチューブでつながっている。水素は、高圧水素タンクから供給され、パワーコントロールユニットで流量を調節して、FCスタックの燃料電池に流れる。

■「ミライ」はハイブリッド？

「ミライ」のパワートレインの説明で、「あれ？」と思った人もいるだろう。そう、電源が2つあり、燃料電池のほかに駆動用バッテリーがあるのだ。

　それは、「ミライ」がハイブリッド技術を導入した自動車だからだ。「ハイブリッド」は、「混成」を意味する。自動車では、すでに普及しているハイブリッド自動車のように、エンジンとモーターの両方を使って車輪を駆動することを指す場合が多いが、「ミライ」の場合は、燃料電池と駆動用バッテリーの両方がモーターに電気を供給することを指す。

　このため「ミライ」は、正確には「燃料電池ハイブリッ

第1章　燃料電池自動車のしくみ

ド自動車」であるが、一般的には「燃料電池自動車」と紹介される。現在開発されている「燃料電池自動車」は、すべて「燃料電池ハイブリッド自動車」だからだ。

　燃料電池と駆動用バッテリーが電気を供給する様子は、運転中にドライバーが把握することができる。運転席正面のインフォグラフィックには、エネルギーモニターがあり、そこに自動車内部でのエネルギーの流れが示されるからだ（図1-5）。

　エネルギーモニターには、「ミライ」の側面図があり、そこにモーターや駆動用バッテリー、燃料電池が描かれている。駆動用バッテリーは中央に描かれており、残量が8段階で表示される。燃料電池は、右側に描かれており、「H_2」「O_2」「H_2O」という文字表示がある。それぞれ水素、酸素、水を示す化学式だ。エネルギーの流れは、モー

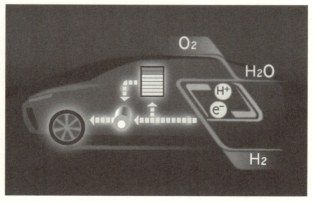

図1-5　エネルギーモニター（イメージ）。右側が燃料電池を示す

ターや駆動用バッテリー、燃料電池を結ぶ矢印で示され、燃料電池からの電気の流れは水色、駆動用バッテリーに出入りする電気の流れは黄色の矢印で表示される。

■**なぜ駆動用バッテリーがあるのか**

ではなぜ、わざわざ駆動用バッテリーを設けてハイブリッド化したのか。それは、エネルギーのリサイクルを可能にして、自動車全体のエネルギー効率を高め、水素の消費量を減らすためだ。エネルギーをリサイクルするしくみは、エンジンとモーターで駆動するハイブリッド自動車と同じだ。

この話は、このあと紹介する電気自動車やハイブリッド自動車を理解する上でも重要であるが、わかりにくいと感じる人もいるだろう。そもそもエネルギーは、目に見えない概念であり、自動車でその変換をどう行っているかわからないと、この話を理解するのは難しい。

そこで、エネルギーの変換をお金の両替にたとえて説明しよう（図1-6）。お金は、価値の尺度であり、その価値そのものは目に見えないので、エネルギーと似た部分がある。

お金の単位は、地域によって異なる。たとえば日本なら円、アメリカなら米ドル、ヨーロッパのEU諸国ならユーロというように、使われている通貨単位は地域で変わる。

このため、日本から海外旅行に行くときは、円単位のお金を、目的地で使われる通貨単位のお金に両替する。もし

第1章 燃料電池自動車のしくみ

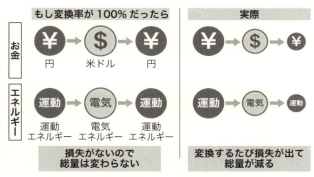

図1-6 お金とエネルギーの変換（イメージ）

レートが一定で、両替の手数料がゼロだったとすると、お金を両替しても、その価値は変わらない。たとえば、「円→米ドル→円」と両替しても、円単位の金額は同じになる。もちろん、実際は両替の手数料がかかるので、両替するたびに価値が徐々に下がり、円単位の金額は少なくなる。

エネルギーも同じだ。エネルギーには、化学エネルギーや電気エネルギー、運動エネルギーなど、さまざまな種類がある。高校の物理で習う「エネルギー保存の法則」によれば、もし変換するときのエネルギー損失がゼロだとすると、エネルギーを異なる種類に何回変換しても、その総量は変わらない。たとえば、「運動エネルギー→電気エネルギー→運動エネルギー」と変換しても、基本的には同じ総量になって戻ってくる。ただし実際は、エネルギー損失はゼロではないので、変換するたび総量が徐々に下がる。

もちろん、これはたとえ話だ。両替の「手数料」を「損

失」と考えるのはおかしいように、エネルギーとお金では異なる部分もある。

ここで、自動車の話に戻ろう。自動車は、道路を走るときにエネルギー変換をしている。つまり、別のエネルギーを運動エネルギーに変換して、車輪を駆動しているのだ。たとえばエンジンは、燃料を燃やすことで、燃料が持つ化学エネルギーを熱エネルギーに変換し、さらにそれを運動エネルギーに変換する。モーターは、電気エネルギーを運動エネルギーに変換する。燃料電池や駆動用バッテリーは、化学エネルギーを電気エネルギーに変換する。

ガソリン自動車は、発進や加速のために使ったエネルギーを、減速のときに捨てている（図1-7）。摩擦を使う摩擦ブレーキや、エンジンを使うエンジンブレーキで、車両の運動エネルギーを熱エネルギーに変換して、大気に放出する。

ハイブリッド自動車は、この捨てていたエネルギーを回収し、再利用することで、エネルギー効率を高めている。これが、ガソリン自動車よりも燃費がよい大きな理由だ。

減速するときは、車両の運動エネルギーの一部を、モーターで電気エネルギーに変換し、駆動用バッテリーを充電し、化学エネルギーとして貯蔵する。この変換は、モーターが発電機にもなる性質を利用しており、車両の運動エネルギーを奪うことで、減速させる。このように、モーターを使ってエネルギーを回収し、車両を減速させるブレーキは、回生ブレーキと呼ばれる。

次に発進や加速をするときは、駆動用バッテリーが放電

第1章 燃料電池自動車のしくみ

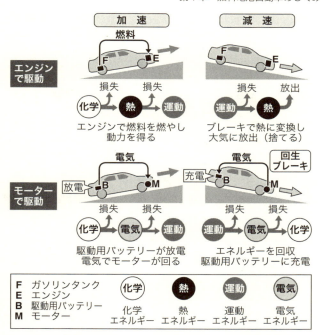

図1-7 加速と減速のエネルギー変換。モーターと駆動用バッテリーがあると、エネルギーを回収できる

して、モーターが電気エネルギーを運動エネルギーに変換し、車輪を駆動する。つまり駆動用バッテリーは、回収したエネルギーを、次に使うまで貯蔵する役割をしているのだ。このようにエネルギーを再利用するシステムはエネルギー回生システムと呼ばれる。

「ミライ」などの燃料電池自動車は、これと同じしくみを利用してエネルギー効率を高め、消費する水素の量を減ら

している。これは、水素を節約するだけでなく、1回の水素充填で走行できる距離を延ばす上でも重要な役割をしている。だから、ハイブリッド自動車と同様に、駆動用バッテリーを載せているのだ。

なお電気自動車も、回生ブレーキを使うことで、駆動用バッテリーに充電した電気を効率よく使い、1回の充電で走行できる距離を延ばしている。

1-3　走りと構造の関係

では、「ミライ」の走りは、なぜガソリン自動車とちがうのだろうか。冒頭で紹介した試乗で感じたものと、その理由を、燃料電池自動車の構造の特徴から探ってみよう。

■なぜ「キーン」という音が出るのか

「ミライ」では、走行中に「キーン」という音が聞こえる。その音の高さは、走行速度が上がるほど高くなり、加速するときだけでなく、減速するときにも聞こえる。

この音は磁励音(じれいおん)と呼ばれ、おもにモーターから出る。モーターで駆動する自動車で共通して出るので、燃料電池自動車だけでなく、電気自動車やハイブリッド自動車でも聞くことができる。

磁励音の原因は、パワーコントロールユニットで生じる電気的なノイズ（雑音）だ。モーターなどは、このノイズによって振動し、「キーン」という音を出す。

このノイズのおもな原因は、パワーコントロールユニッ

ト内部のパワー半導体だ。パワー半導体は、1秒間に数千回以上という高速で電気のオン・オフを繰り返すので、モーターに流れる電気にノイズが混じってしまうのだ。

ではなぜ磁励音は、走行速度によって音の高さが変わるのだろうか。その原因は、パワーコントロールユニットにおける電力変換のしくみにある。

パワーコントロールユニットには、2種類の電力変換装置(インバータとコンバータ)があり、インバータは「直流→三相交流」、コンバータは「三相交流→直流」の変換をする(図1-8)。燃料電池や駆動用バッテリーは「直流」、モーターは「三相交流」と呼ばれる異なる種類の電気が流れるので、互いに電気が出入りできるようにするには、インバータとコンバータが必要なのだ。

ノイズの原因になったパワー半導体は、インバータとコンバータに使われている。では、どのように電力変換をしているのだろうか。インバータを例に説明しよう。

インバータは、2本の電線で供給される直流を三相交流

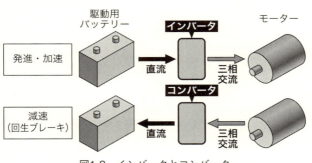

図1-8　インバータとコンバータ

に変換し、3本の電線でモーターに供給している（図1-9）。6つのパワー半導体は、それぞれ独立かつ周期的にオン・オフを繰り返して直流を細かく切り刻み、三相交流をつくる。

この変換では、パワー半導体を使って直流の電圧を自由に下げられるしくみを利用している。たとえば、代表的な制御方法であるパルス幅変調（PWM）を使うと、オンになる矩形波（パルス）の幅（時間）を周期に対して小さくすることで、平均的な電圧が下がる。この原理を利用して、平均的な電圧を周期的に変えると、三相交流の電圧波形をつくることができる（図1-10）。ただし、できるのは擬似的な三相交流で、電圧波形はきれいな正弦波ではないので、これがノイズをふくむ要因になる。

インバータは、モーターを制御するため、この三相交流の波形を走行状況に応じて変える。モーターの回転速度やトルクは、モーターに流す三相交流の電圧と周波数を変化させて制御する。

このとき、ノイズの出方も変わるので、磁励音の出方も

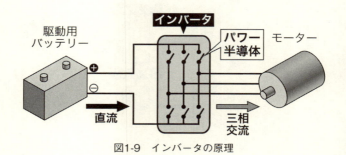

図1-9　インバータの原理

第1章 燃料電池自動車のしくみ

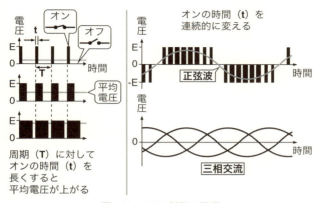

図1-10　PWM制御の原理

変わる。「キーン」という音の高さが走行速度によって変わるのは、このためだ。

以上述べたのは、モーターに電気を流して加速するときの話だ。モーターが発電して回生ブレーキで減速するときも、同じように磁励音の高さが走行速度で変わる。回生ブレーキで使うコンバータにも、パワー半導体で直流の電圧を下げるしくみが使われているからだ。

コンバータは、三相交流を直流に変換するだけでなく、その直流の電圧が一定になるように制御している。モーターが発電する三相交流の電圧は、その回転によって変化する。いっぽう駆動用バッテリーは、流れる直流の電圧を一定範囲に収めないと充電できない。そこで、三相交流を電圧が高い直流に変換し、パワー半導体で適した電圧に下げ、駆動用バッテリーに流している。このときも、電気的

43

なノイズが発生して、モーターなどに伝わるので、磁励音が出るのだ。

■燃料電池自動車のみで聞こえる音もある？

「ミライ」が加速するときは、「キーン」という磁励音のほかに、「ヒューン」という音が聞こえる。これは、ポンプなどの回転機の回転速度が上がるときに出る音で、燃料電池自動車だけで聞こえる代表的な音だ。

この回転機は、車外から空気を取り込んで燃料電池に送る役割がある。加速のときは、燃料電池の発電量を上げるため、送る空気の量が増えるので、回転速度が上がり、「ヒューン」という音が出る。いっぽう、低速で走行するときは、燃料電池の発電量が下がるので、回転速度も下がり、小さな「ウー」という音が出る。

ただし、磁励音や回転機の音は、エンジンの音にくらべれば小さい。走行速度が上がると、タイヤが転がる音や風を切る音などにかき消されてしまうほどだ。このため、エアコンを止めて車内を静かにして、聞こえる音に注意しないと気付かないこともある。

■車外のスピーカーで音を出す？

「ミライ」は、ボディ前部にスピーカーがあり、低速走行時に車外に向けて通告音と呼ばれる音を出す。これは、車両接近通報装置と呼ばれるもので、道路を通行する歩行者などに車両の接近を知らせる役割がある。

車両接近通報装置は、「ミライ」などの燃料電池自動車

だけでなく、電気自動車やハイブリッド自動車の多くの車種で導入されている。これらの自動車は、低速であまり音を出さずに走るので、安全のために通告音を出しているのだ。

「ミライ」の場合は、発進から約25km/hまで車両接近通報装置が作動し、通告音が出る。通告音は、高さが走行速度とともに段階的に変化するもので、音色は「ゴー」とも表現しがたい独特なものだ。エンジンほど大きな音ではないので、窓を閉めていると、車内では通告音が出ていることに気付きにくい。

車両接近通報装置が開発されたのは、ハイブリッド自動車の静かさが問題視されたのがきっかけだ。日本やアメリカでは、視覚障害者などから、普及したハイブリッド自動車に対して「静かすぎて危険」という不満が聞かれた。そこで両国は、歩行者などの安全を守るために、自動車に最低レベルの音を出すことを義務づけた。日本では、国土交通省が、2010年に車両接近通報装置の取り付けに関するガイドラインを発表した。

■なぜなめらかに加速ができるのか

「ミライ」が加速するときは、加速力がほぼ一定で、変速ショックが生じない。一般的なガソリン自動車とくらべると、パワフルでなめらかだ。これは、エンジンとモーターの出力特性のちがいが関係している。

エンジンとモーターの出力特性は、根本的に異なる（図1-11）。エンジンのトルクは、停止時はゼロで、回転速度

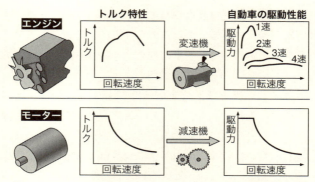

図1-11 エンジンとモーターのトルク特性と自動車の駆動性能

が上がるほど上がる。いっぽうモーターのトルクは、停止時は理論的には無限大で、回転速度が上がるほど下がる。

もちろん実際にモーターを使うときは、制限するので、停止時のトルクは無限大にはならない。故障を防ぐため、電流が一定以上流れないように制御するからだ。

出力特性においては、エンジンよりもモーターのほうが自動車の動力源として適している。駆動に必要なトルクは、発進時にもっとも大きく、高速走行時は発進時よりも小さいからだ。

エンジンで駆動するガソリン自動車は、駆動に必要な出力特性に合わせて変速する（減速比を変え、トルクを変える）必要がある。変速しないと、発進時にトルクが不足するし、高速走行時に燃料を過剰に消費してしまうからだ。

このためMT車では、加速時にトランスミッションで段

階的に変速するため、切り替えるときに変速ショックが生じ、ボディが前後に振動して乗り心地を損ねることがある。AT車では、MT車ほど大きな変速ショックは起こりにくいが、トルクコンバータを使い段階的に変速するタイプのAT車では起こることがある。ただし、近年は無段変速機（CVT）を搭載したAT車が増えており、ドライバーが変速ショックをほとんど感じなくなっている。

　CVTは、変速比を連続的に変えることができる変速機だ。日本のガソリン自動車でよく使われるベルト式（図1-12）は、ベルトがつなぐ2つの滑車の幅が変わることで、減速比が変わるしくみになっている。トルクコンバータを使うよりも動力が伝わりやすく、燃費向上につながるので、近年導入例が増えている。

　いっぽう、モーターのみで駆動する燃料電池自動車や電気自動車は、変速を必要としない。かつては変速機を搭載

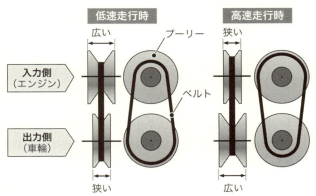

図1-12　ベルト式CVT。ガソリン自動車のAT車で使われている

した電気自動車が存在したが、現在は搭載していない。モーターの動力を車輪に伝えるときは、歯車を使って減速しているが、その減速比は固定だ。

　これは、モーターや制御の発達によって、停止から高速回転まで幅広い回転速度でトルクを高く保つことが可能になったからだ。つまり、モーターの最大トルクに近いトルクを保ったまま加速できる速度領域が広いのだ。

　「ミライ」の加速で、背中をずっと同じ力で押されるように感じたのは、このためだ。ガソリン自動車で同様の加速をするのは難しいので、その運転に慣れたドライバーにとっては、「ミライ」の加速はパワフルだと感じるのだ。

　また、制御技術の発達によっても、変速ショックのような前後の振動が起きにくくなった。かつてはトルクを一定に保つため、電気回路を段階的に切り替えて制御する必要があったが、現在はインバータ技術の発達で連続的な制御が可能になり、切り替えによるショックが生じなくなった。このため現在は、「ミライ」のように、モーターのみで駆動する自動車は、加速がなめらかだ。

■なぜ応答性がよいのか
「ミライ」は、アクセルペダルの応答性がガソリン自動車よりもよい。これは、アクセルペダルの動きが電気で伝わるからであり、他の燃料電池自動車や電気自動車にも共通する性質だ。

　ガソリン自動車では、アクセルペダルの動きが電気で伝わらないので、エンジンのトルク変化にすぐに反映されな

い。これは、エンジンがトルクを発生するしくみと関係がある。

　エンジンは、混合気（こんごうき）と呼ばれるガソリンと空気を混ぜた気体をシリンダーに入れて爆発させ、そのときの体積膨張を利用してトルクを発生させる。アクセルペダルを踏むと、混合気のガソリンの比率が高くなり、発生するトルクが大きくなる。ただ、比率が変わった混合気がシリンダーに到達するまでには時間がかかるので、アクセルペダルの動きがエンジンのトルク変化に反映されるまでにタイムラグが生じてしまう。

　いっぽうモーターのみで駆動する燃料電池自動車や電気自動車は、アクセルペダルの動きが瞬時にモーターのトルク変化に反映されるように感じる。アクセルペダルを踏むと、その動きが電気信号でパワーコントロールユニットに伝わり、モーターに流れる電気が制御される。つまり、すべて電気で瞬時に伝わるので、ガソリン自動車よりも応答時間が短いのだ。

　アクセルペダルの動きがトルク変化に反映されるまでの応答時間は、モーターはエンジンよりも明らかに短い。エンジンは数百ミリ秒であるのに対して、モーターは数ミリ秒だ。双方には2桁のちがいがある。言い換えれば、モーターはエンジンよりも応答速度が2桁分速いので、それがアクセルペダルの応答性の高さに反映されているのだ。

　ただし、アクセルペダルの動きは、モーターの回転に直接反映されるわけではない。双方の間にパワーコントロールユニットがあり、制御しているからだ。ドライバーが直

接反映されているように感じるのは、そう感じさせる制御をしているからだ。

■なぜコーナリングが安定するか

「ミライ」で安定したコーナリングができるのは、パワートレインと大きな関係がある。燃料電池自動車や電気自動車は、ガソリン自動車にある重いエンジンがないので、理想に近い重量バランスが実現できる。それゆえ、コーナリングの安定性をふくむ操縦安定性を高めやすいのだ。

自動車で急カーブを高速で通過すると、走行が不安定になり、コースアウトしやすくなる。読者の中には、ドライブでそれを体験してヒヤリとしたことがある人もいるだろう。実際にこれによる事故はよく起きている。

カーブで走行が不安定になるのは、ヨー慣性モーメントが働くからだ（図1-13）。ヨー慣性モーメントは、車両がもつ水平方向の旋回しにくさ（方向転換のしにくさ）で、カーブ走行中には車両の重心位置を中心に方向転換をさせまいとする慣性力を生み出す。だから、ヨー慣性モーメントが大きいほど走行が不安定になる。

一般的なガソリン自動車（FF車）は、カーブでヨー慣性モーメントが大きくなりやすい。重いエンジンが、重心位置よりも離れた前部のボンネット内部にあり、車両前部をカーブ外側に引く力が働きやすいからだ。

カーブで生じるヨー慣性モーメントを小さくするには、車両全体の前後の重量バランスをよくする必要があるが、それをガソリン自動車で実現するのは難しい。ガソリン自

第1章 燃料電池自動車のしくみ

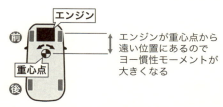

図1-13 ガソリン自動車のFF車。前部に重いエンジンがありヨー慣性モーメントが大きくなりやすい

動車では、エンジンの位置が決まれば、トランスミッションなどの配置が自ずと決まることが多い。つまり、パワートレインの部品配置の制約が大きいので、重量バランスを理想に近づけるのが容易ではないのだ。

この問題を改善した例として、ミッドシップと呼ばれる構造があるが、一般的ではない。ミッドシップとは、エンジンを重心位置に近づけて配置し、ヨー慣性モーメントを小さくする構造だ。レーシングカーやスポーツカーでは、早くから導入されている。ただ、構造が特殊で高コストになるので、一般のガソリン自動車では採用されていない。

燃料電池自動車や電気自動車は、重いエンジンがないだけでなく、ガソリン自動車よりもパワートレインの配置の制約が少ないので、理想に近い重心設定や重量バランスを実現できる。その分だけ、ヨー慣性モーメントを小さくでき、コーナリングを安定させることができるのだ。

「ミライ」では、こうした特長を生かしてパワートレインの配置を工夫し、重心位置や重量バランスの最適化や、低重心化が図られている（図1-14）。重心位置の近くには、

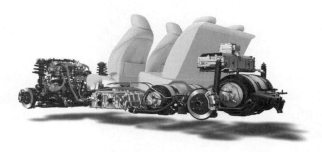

図1-14 横から見た「ミライ」のパワートレイン。配置を工夫して低重心化を図り、重量バランスをよくした（図：トヨタ自動車）

燃料電池をふくむFCスタックなどの重量物が低い位置に配置してある。

また「ミライ」では、ボディのねじり剛性（ごうせい）や空力性能（くうりき）などを高め、全体的な操縦安定性を高めている。ねじり剛性

図1-15 「ミライ」の高剛性ボディ（図：トヨタ自動車）

とは、ボディをねじる力に対する変形のしにくさで、高いほど振動や騒音が小さくなり、コーナリングが容易になる。このため「ミライ」では、従来車の約1.6倍のねじり剛性を持つ高剛性ボディを採用した（図1-15）。

 1-4　燃料電池のしくみ

■稼働状況がわかりにくい心臓部

　続いて、燃料電池のしくみに迫ってみよう。燃料電池自動車の心臓部だ。

　前述したように、燃料電池は発電装置であり、内部では水素と酸素が反応して水を生成する。つまり、化学反応を利用して、発電する装置なのだ。

　発電のしくみは、中学の理科で習う2つの実験を思い出すと理解しやすい。水素を燃やす実験と、水の電気分解の実験だ（図1-16）。

　水素を燃やす実験では、水素が空気中の酸素と燃焼反応して、水を生成する。燃焼反応は、物質が燃える化学反応だ。たとえば試験管に希塩酸と亜鉛を入れると、水素が発生する。この試験管の口に火を近づけると、水素が燃え、「ポン」という音が出たり、炎が出たりする。生成した水は、試験管についた水滴として見えることもあるが、水蒸気になって空気中に拡散し、見えないこともある。

　水の電気分解の実験では、電気化学反応を利用して、水を水素と酸素に分解する。電気化学反応は、電極の近くで

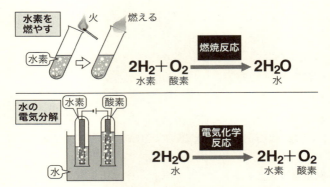

図1-16　水素を燃やす実験と水の電気分解の実験

電子のやりとりをして進む化学反応だ。容器に水（電気を通すため少し電解質を溶かす）を入れ、そこに浸した2つの電極に電気を流すと、水素と酸素の泡が出る。この反応は燃焼反応ではないので、音や炎は出ず、静かに進む。

　燃料電池では、水素と酸素が電気化学反応して水を生成し、発電する。つまり、水素を燃やす実験と同じように水を生成するが、燃焼反応ではないので静かに反応が進む。また、水の電気分解の実験の逆の反応が進むので、外部から電気を流すことの逆が起こり、電気を取り出すことができる。先に述べたエネルギー変換で言えば、化学エネルギーの一部を電気エネルギーに変換していると言える。

■なぜ水の電気分解と逆の反応が進むのか？

　化学を知る人の中には、「なぜ水の電気分解と逆の反応が進むのか？」と疑問に思う人もいるだろう。そう、これ

は本来容易に進まない反応だが、燃料電池では、触媒のおかげで進むのだ。触媒とは、化学反応の進行を速くする物質であり、それ自身は変化しない。

このことは、図1-17に示す装置をつくって実験するとわかる。水の電気分解をしたあとに、燃料電池の発電原理がわかる装置だ。

大きな容器に入った水には、少量の電解質が溶かしてあり、電気を通しやすくしてある。上下逆にした2本の試験管は、それぞれ水を満たしてあり、内部に長い白金板の電極が入れてある。試験管の底は電線が通してあり、密閉して空気が入らない構造になっている。

2つの電極に直流電源をつなぎ、電気を流すと、電極の周囲に泡が発生し、気体が試験管にたまる。マイナス側には水素、プラス側には酸素がたまる。

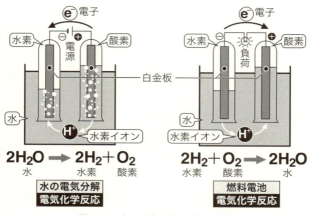

図1-17　水の電気分解と燃料電池

2つの電極を直流電源から外し、代わりに電球をつなぐと、電球が光る。水の電気分解と逆の反応、つまり、2つの電極の間に電気が流れ、水素と酸素が水になる電気化学反応が進むからだ。

　これが、燃料電池が発電する原理だ。電球を長い時間光らせると、水素と酸素が消費されるので、試験管にたまった水素と酸素が徐々に少なくなる。

　電極の材料を、白金板ではなく、金板や銅板にすると、同じようにならない。電球は光らないし、試験管にたまった水素と酸素も減らない。

　なぜ電極を白金板にしないと反応が進まないのか。それは、白金が触媒として働き、水素と酸素が水になる反応の進行を著しく速くするからだ。金や銅は触媒としての働きがほとんどないので、同じような反応が進みにくい。

　ただし白金は、プラチナとも呼ばれる貴金属で、地球上で希少な物質だ。白金は、埋蔵量が金よりはるかに少なく、年間生産量は金の約20分の1にすぎない。その分高価で、入手が難しいので、必要な触媒性能を引き出しながら使用量を減らすことが、コストダウンにつながる。

■なぜ発電装置なのに「電池」なのか

　燃料電池は、日本では「電池」の一種とされている（図1-18）。電気化学反応を利用して、電気を取り出せるからだ。

　ただ、一般的に「電池」と呼ばれる一次電池や二次電池とは性質が異なる。一次電池は、使い捨ての電池で、マン

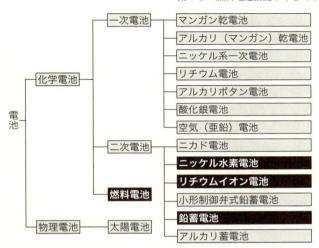

図1-18 電池の種類。自動車で使われる電池を黒で示した

ガン乾電池などがある。二次電池は、充電して繰り返し使える電池で、自動車用バッテリーとして長らく使われている鉛蓄電池のほかに、小型機器に使われるニッケル水素電池やリチウムイオン電池などがある。

 一次電池や二次電池は、一度に放電できる電気の容量に限界があり、それを超えて放電できない（図1-19）。二次電池は、充電なしで放電し続けることはできない。

 いっぽう燃料電池は、水素と空気（酸素）の供給を続ければ、連続的に発電できる。発電所にある発電機も、エネルギー源などの供給を続ければ、連続的に発電できる。つまり、燃料電池は「電池」というよりは「発電装置」なのだ。

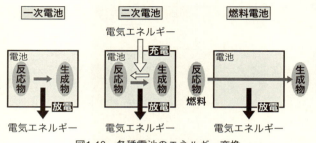

図1-19　各種電池のエネルギー変換

にもかかわらず、日本では、燃料電池が一次電池や二次電池とよく混同される。その原因は、翻訳にある。

燃料電池は、英語のFuel Cell（フューエル・セル）を日本語に翻訳した訳語だ。Fuelは燃料で、Cellは2つの電極と電解質（電解液）がセットになったものを指す。

Cellは、かならずしも電気を放電する「電池」ではなく、直流電気を流して電気分解をする電解槽や、電極近くの電気化学反応を研究する実験装置を指すこともある。いっぽう、日本で一般的に「電池」と呼ばれる一次電池や二次電池は、英語ではBattery（バッテリー）と呼ばれる。

Fuel Cellは電気化学反応を利用して直流電気を取り出す装置なので、日本では「燃料電池」と訳した。このため、Batteryを訳した「電池」とよく誤解されるのだ。

■家庭やオフィスではもう使われている

燃料電池は、家庭やオフィスに置く定置型発電装置としても使われている。たとえば「エネファーム」と呼ばれる

燃料電池を用いたエネルギーシステムは、2009年から日本で本格的に販売され、一部の家庭で使われている。

「エネファーム」は、都市ガスやLPガス、灯油などを燃料としていて、改質器(かいしつ)で燃料から水素を取り出し、燃料電池に流して発電する。多くの燃料は炭素と水素の化合物である炭化水素で、改質器は水素を取り出す代わりに、炭素と空気中の酸素が反応して生成するCO_2を排出する。

自動車に搭載する燃料電池は、家庭やオフィスに置くものよりも小型で軽い。自動車に配置する部品は、容積や重量がきびしく制限されるからだ。このため、水素を燃料として、改質器をなくし、構造をシンプルにした例が多い。

■**実際の燃料電池はどんな構造になっているのか**

実際の燃料電池は、この実験装置とは構造が大きく異なる。燃料電池にはさまざまな種類があり、「ミライ」などの水素を燃料とする燃料電池自動車には、固体高分子形燃料電池(PEFC)と呼ばれるものが使われている。固体高分子形燃料電池は、小型・軽量で、100℃以下の低温で作動する燃料電池だ。

一般的な固体高分子形燃料電池は、セルを多数積み重ねて固定したセルスタックと呼ばれるもので構成されている(図1-20)。セルは、膜・電極接合体(MEA)を2枚のセパレータで挟んだ板状の部品で、発電を行う最小単位だ。

MEAは、固体高分子形燃料電池でもっとも重要な部分で、先ほどの実験装置と同じ役割をする(図1-21)。水が入った容器はないが、その代わりに固体高分子膜(PEM)

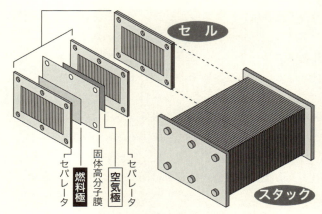

図1-20 セルとスタック(固体高分子形燃料電池)

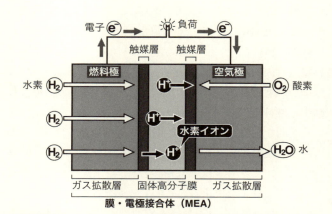

燃料極 $H_2 \rightarrow 2H^+ + 2e^-$　　空気極 $4H^+ + 4e^- + O_2 \rightarrow H_2O$

図1-21 膜・電極接合体(MEA)。固体高分子膜を2枚の電極で挟み接合してある

と呼ばれる高分子製の薄いフィルムがあり、これを湿らせると水素イオンが通る。固体高分子膜を2枚の電極で挟み、プレスして接合するとMEAになる。

電極には、先ほどの実験装置で使った白金板ではなく、白金の微粒子を使う。白金は希少元素で高価な材料なので、使用量を減らす必要があるからだ。

セルに使う電極は2層構造で、ガス拡散層と触媒層がある。ガス拡散層はカーボン（炭素）でできており、電気が通る。触媒層は固体高分子膜と接する部分で、触媒でできている。触媒には、カーボンの粒に白金の微粒子を付けた白金担持カーボンなどが使われている。触媒は、小さい粒にして表面積を増やしてあるので、白金の使用量を極限まで減らしても、必要な触媒性能を引き出せる。

セパレータは、カーボンや金属などでできており、電気が通る。一般的なセパレータには細い溝が刻まれており、ここが流路となって水素や空気、そして生成した水が流れる（図1-22）。

2つの電極は、それぞれ燃料極と空気極と呼ばれ、燃料極側の流路には水素、空気極側の流路には空気と水が流れる。電極は、水素や空気が透過して拡散する構造で、電極の近くで電気化学反応が進む。

セルは、多数積み重ねてセルスタックにする。1つのセルが発電する電気の電圧は1V以下と小さいので、直列につないで、電圧を上げるのだ。

一般的な固体高分子形燃料電池は、セルスタックとは別に加湿器があり、発電中に流す水素や空気を湿らせて、固

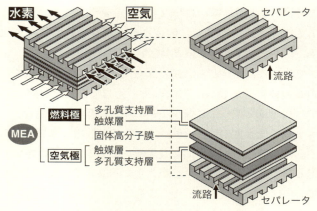

図1-22　セルの構造（固体高分子形燃料電池）

体高分子膜を湿潤状態に保っている。固体高分子膜が湿らないと、水素イオンが移動できなくて電気化学反応が進まず、発電ができないからだ。

■「ミライ」ならではの工夫も

　以上紹介したのは、一般的な固体高分子形燃料電池だが、「ミライ」ではさらに工夫を凝らし、性能を高めてある。トヨタ・テクニカル・レビューには、改良によって、1つのセルが発電する電気の電流密度が従来の2.4倍に引き上げられ、世界で初めて加湿器を廃止できたと記してある。電流密度が上がったことは、発電性能が向上したことを意味する。

　電流密度が向上したおもな要因には、空気極側の流路の改良と、固体高分子膜を薄くしたことが挙げられる。

第1章　燃料電池自動車のしくみ

　従来の空気極側は、直線状の溝形の流路（溝流路）で、空気の流れや拡散がよく妨げられるという弱点があった（写真1-6）。発電で生成した水が排出されずに流路をふさぎやすく、たまりやすいからだ。

「ミライ」の空気極側は、3Dファインメッシュ流路を採用し、この問題を解消した。この流路は、三次元的に複雑な形状の流路で、水が滞留しにくく速やかに排出される。また、空気がまっすぐ通りすぎず、細かく方向を変えながら流れるので、空気中の酸素が固体高分子膜に向かって拡散しやすい。

「ミライ」の固体高分子膜は、厚さが従来の1/3になった。このことで水素イオンの伝わりやすさが3倍になり、

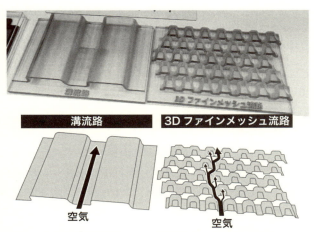

写真1-6　空気が通る流路の模型（写真は自動車技術展2015、図はイメージ）

電流密度が上がった。

　加湿器の廃止は、内部循環方式の採用で実現した。つまり、セル内部で水が循環する構造にして、外部からの加湿を不要にしたのだ。

　また、乾燥しやすい燃料極側も、加湿しやすくなった。固体高分子膜が薄くなり、空気極側で生成した水が燃料極側に拡散しやすくなったからだ。

　電流密度の向上と加湿器の廃止は、FCスタックの小型・軽量化を実現する要因にもなった。トヨタは、2014年11月18日に、「ミライ」に搭載したFCスタックの出力密度が世界トップレベルの3.1kW/Lを達成したと発表した。

1-5　燃料電池自動車の気になる点

　ここからは、燃料電池自動車の気になる点について、「ミライ」を例にしながら解説しよう。

1-5-1 高価である理由

■なぜ値段が高いのか？

「ミライ」のメーカー希望小売価格は、販売開始時点で723.6万円（税込）だ。実際は、国からの補助金があるので、500万円程度で購入できる。1000万円を超える高級車にくらべれば安いが、同じ3ナンバーセダンである200万〜300万円のガソリン自動車とくらべると高い。たとえ走行性能がよくて、環境にやさしくても、この価格が気にな

り、購入を躊躇する人は少なくないはずだ。

「ミライ」が高価なのは、燃料電池自動車の特殊性によるところが大きい。燃料電池自動車は、パワートレインに燃料電池やモーターなど、高価な部品が使われており、これらがコストをつり上げる大きな要因になっている。

かつては、「ミライ」よりもはるかに高価な燃料電池自動車が存在した。たとえばトヨタが開発した「FCHV-adv」は、2008年からリース販売もされたが、車両価格は約1億円と言われ、とても一般の手に届くものではなかった。

トヨタの加藤光久副社長は、2014年6月25日の試作モデル「トヨタFCV」の発表会で、車両価格を「FCHV-adv」の20分の1である700万円程度にすることを発表した。12年間に燃料電池自動車のコストダウンが実現した結果だ。この「トヨタFCV」をベースにして一般販売したのが「ミライ」だ。

■ コストダウンが実現した要因

なぜこのようなコストダウンが実現したのか。その大きな要因は、高価な部品の低コスト化だけでなく、ハイブリッド自動車のハイブリッドユニットの流用がある。

トヨタは、ハイブリッド自動車の量産や改良を20年近く続けているので、そのハイブリッドユニットを燃料電池自動車に流用できれば、低コスト化と信頼性向上を実現することができる。

ところが「FCHV-adv」では、その流用が十分にできず、コストが増大した（図1-23）。駆動用バッテリーの流

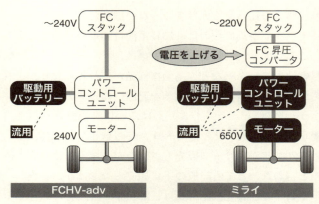

図1-23 「FCHV-adv」と「ミライ」のパワートレイン。「ミライ」では、量産型ハイブリッド自動車からの流用品を増やしてコストダウンした

用はできたが、パワーコントロールユニットやモーターは燃料電池の電圧に合わず、流用できなかったので、新たに開発する必要があった。

いっぽう「ミライ」では、パワーコントロールユニットやモーターも流用され、コストダウンできた。FC昇圧コンバータを導入して、燃料電池から供給される電気の電圧をハイブリッドユニットの作動電圧まで上げたからだ。

■なぜ燃料電池は高価か

「ミライ」では、燃料電池のコストダウンも実現された。燃料電池は、燃料電池自動車のパワートレインでとくに高価な部品だ。

燃料電池が高価になる要因は、おもに3つある。構造が

特殊であること、生産技術に課題があること、そしてセルに高価な材料を使うことだ。

セルの高価な部品も、おもに3つある。①触媒、②固体高分子膜、③セパレータだ。

①触媒と②固体高分子膜は、それぞれの性能を発揮しつつ、セル内部のきびしい環境に耐えることが求められる。発電中のセル内部では、反応で生じた熱で温度が80℃程度まで上昇するし、水素イオンが移動して強酸性になった水や、空気極で生成する過酸化水素がある。

①の触媒は、セルでとくに高価な部品だ。前述したように、高価な白金の使用量を減らす工夫はされているが、それでもコストをつり上げる要因になっている。

白金に代わる安価な触媒材料は、現時点では見つかっていない。白金のように、優れた触媒性能と、化学的な安定さを兼ね備えた材料が他にないからだ。化学的な安定さは、強酸性の水に耐える上で重要だ。

②の固体高分子膜は、水素イオンの伝導度を高く保ち、強酸性の水や過酸化水素、80℃程度の温度に耐えることが求められる。この条件を満たす高分子材料は限られるし、高価だ。

代表的な固体高分子膜に、フッ素系スルホン酸膜がある。アメリカの化学メーカーであるデュポンが、1960年代に最初に商品化し、「Nafion(ナフィオン)」という商標で販売した。現在は国内外の複数の化学メーカーがフッ素系スルホン酸膜を販売しているが、コストや性能に課題がある。

フッ素系スルホン酸膜よりも低コストな固体高分子膜の開発も進んでいるが、現時点ではフッ素系スルホン酸膜の性能を凌駕するには至っていない。

　③のセパレータは、材料選びや成形が難しい部品だ。セル間に流れるガスを遮断し、セル内の流路を確保するという機能を果たしながら、電気を通し、熱を拡散させ、強い酸に耐える。そのような条件を満たす材料は限られるし、あっても高コストで、加工も難しい。

　現在は低コストで製造が容易な金属製やカーボン製のセパレータが開発されている。たとえば「ミライ」のセルでは、チタン製のセパレータが使われている。

■モーターも高価なのか

　モーターも、高価な部品であり、低コスト化に向けた検討が進められている。

　自動車の駆動用モーターには、おもに永久磁石形同期モーターが使われている。永久磁石形同期モーターは、メンテナンスが容易な交流モーターの１種であり、高い出力を確保しながら、小型・軽量化ができる利点がある。「ミライ」のモーターは、前述の通りハイブリッド自動車から流用したもので、永久磁石形同期モーターである。

　永久磁石形同期モーターが高価なのは、構造が特殊であるだけでなく、内部で回転する部分（回転子）にネオジム磁石が使われているからだ。

　ネオジム磁石は、現時点でもっとも強力な磁力を発揮する永久磁石だ。永久磁石形同期モーターでは、高出力化や

小型・軽量化を実現する上で重要な役割をしている。

ただし、その材料は高価である上に、入手が困難になることがある。材料に使われるネオジム（Nd）やジスプロシウム（Dy）などは、「レアアース」と呼ばれる希土類元素で、中国に偏在しており、供給が不安定になることがある。このため、ネオジム磁石に代わる安価で強力な永久磁石が開発されている。

1-5-2 水素の話

■なぜ燃料として水素が注目されるのか

「ミライ」などの燃料電池自動車は、水素を燃料としている点がとくに注目されている。水素がエネルギー源として期待される理由はおもに3つある。①枯渇する心配がない、②入手しやすい、そして③クリーンであることだ。

①は、サスティナブル（持続可能）な社会をつくる上で重要となる。水素は、宇宙でもっとも多く存在し、地球上にも無尽蔵に存在する元素なので、石油などの化石燃料のように枯渇する心配がない。

②は、供給を安定させる上で欠かせない。水素は、自然界では単体でほとんど存在しないが、酸素と結合した水や、炭素と結合した炭化水素は大量に存在するので、これらを原料として製造することができる。

③は、地球環境を維持する上で重要だ。水素は酸素と反応することで電気を取り出すことができるが、生成するのは環境に対して無害な水だけだ。

一般的には「エコ」に関係する③が注目されるが、日本のエネルギー事情を改善する上では、①と②も重要だ。日本はエネルギー自給率が4.4％（2010年・資源エネルギー庁）と低い国であり、海外からのエネルギー資源の供給が不安定になると、社会が大きな影響を受ける脆さがある。

そこで政府は、「水素社会」と呼ばれる社会の実現を目指している。「水素社会」とは、水素をおもなエネルギー源として活用する社会であり、実現すると、輸入に頼る化石燃料への依存度を下げることにつながると期待されている。

「水素社会」への期待が2011年以降に高まったのは、同年に発生した東京電力福島第一原子力発電所事故がきっかけだ。この事故を機に、国内の原子力発電所がいったんすべて停止した結果、代わりに火力発電所の稼働率が上がり、化石燃料への依存度が上がったからだ。

燃料電池自動車の普及は、「水素社会」の実現の第一歩と考えられている。このため2015年は、「ミライ」の量産が本格化した「燃料電池自動車元年」であり、「水素社会元年」とも呼ばれる。

ただし、「水素社会」の是非については議論がある。そもそも水素は、製造時にCO_2などの環境に負荷をかける物質が出ることがあるので、トータルで見て環境に対して常にクリーンであるとは言い切れない。

■ どうやって水素を充填するのか

燃料電池自動車への水素充填は、水素ステーションと呼

ばれる専門の施設で行う。ガソリン自動車への給油をガソリンスタンドで行うのと同じ感覚だ。

水素ステーションに「ミライ」を駐めると、駐在するスタッフが水素充塡をしてくれる。ガソリンスタンドで普及しているセルフ方式は、2016年1月時点では法整備の問題で実現していない。

「ミライ」の充塡口は、ボディ左側面の後方にある。カバーを開けると、円筒形の充塡口が現れる。その直径は、ガソリン自動車の給油口よりも小さい。

写真1-7 水素の充塡作業（写真：トヨタ自動車）

スタッフは、ディスペンサーを操作し、充填ホースを「ミライ」の充填口につなぐ（写真1-7）。このとき、充填ホースの先にある口金を回し、充填口のねじ部に締め付け、双方を密着させる。70MPa（約700気圧）という高圧の水素（気体）を充填するので、漏れないようにしているのだ。

　「ミライ」の水素充填は、約3分で終わる。これで高圧水素タンクに約5kgの水素が充填され、約650km（JC08モード、81ページコラム参照）走行できる。これは、ガソリン自動車の給油にかかる時間や、1回の給油で走行できる距離とおおむね同じだ。

■圧縮水素を充填する理由

　1回の水素充填で走行できる距離を延ばすには、充填できる水素の量を増やせばよい。もし圧縮水素よりも密度の高い液体水素を充填できれば、同じタンク容積で、より多くの水素を充填できる。

　なのになぜ「ミライ」では、気体である圧縮水素を充填するのか。それは、タンクが低コストで軽くできるからだ。

　もし液体水素をタンクに充填すると、圧縮水素よりも多くの水素を充填できるが、タンクの断熱性を高めたり、冷却器を導入したりする必要がある。水素は、沸点（常圧でマイナス253℃）以下の極低温まで冷却しないと液体状態を保つことができないからだ。

　タンクに水素吸蔵合金を入れると、液体水素よりも低

圧の水素で貯蔵できる。水素吸蔵合金は、水素を吸い込み、貯蔵できる合金だ。ただし、水素吸蔵合金そのものが高価だし、吸蔵状態を保つために温度管理をする装置が必要となる。

　圧縮水素を充填する高圧水素タンクは、断熱性や温度管理も必要としないし、プラスティックで製造できるので軽い。

■高圧水素タンクは安全なのか

　では、高圧水素タンクは安全なのか。万が一衝突事故で車両が変形したとき、高圧水素タンクが破損して水素が漏れたりしないのだろうか。気になる人も多いだろう。もちろん、その場合でも安全を確保しやすいように工夫されている。

「ミライ」の場合は、軽くて衝撃に強い高圧水素タンクが使われている。このタンクは、3層構造のプラスティック製で、表層（一番外側）はガラス繊維、中層は航空機にも使われる炭素繊維を巻いて強化した強化プラスティックになっており、強度や耐久性を高めてある。

　またボディは、万が一追突などの後面衝突が起きても、衝撃を吸収し、後方の高圧水素タンクを保護する構造になっている。また、高圧水素タンクのバルブは、衝撃を検知すると自動的に閉まり、水素の流れを遮断する。

　筆者は、「ミライ」の開発責任者の講演会で、衝突実験の映像を見たことがある。80km/hで後面衝突しても高圧水素タンクが破裂せず、バルブが正常に作動していた。

写真1-8 飛行船「ヒンデンブルク号」爆発墜落事故。1937年にニューヨーク郊外で発生した

■水素は危なくないのか？

　それでも、水素を燃料とすることについて何となく不安に思う人もいる。水素は無色透明の気体で、その存在が見た目でわかりにくい上に、引火して爆発するイメージがあるからだろう。

　水素の危険性が広く知られた事故として、ヒンデンブルク号の爆発墜落事故がよく知られている（写真1-8）。ヒンデンブルク号は、ドイツが開発した飛行船で、1937年にニューヨーク郊外を飛行しているときに気嚢内の水素が引火して爆発した。

　ただ、水素だけでなく、ガソリンにも危険性はある。衝

突事故などで燃料タンクのガソリンが引火し、自動車が炎上する事故は、たびたび起きている。

水素もガソリンと同じように性質を理解すれば、安全に扱うことができる。水素は比重が空気の14分の1と軽いので、もし漏れても上方に拡散する性質がある。このため、引火や爆発が起こりやすい濃度になりにくいし、もし引火しても、ガソリンのように地面や床を伝って燃え広がらない。

■水素の単価はいくら？

では、水素の単価はいくらだろうか。ガソリンの単価と同等に、燃料代はランニングコストで大きな割合を占めるので、気になるところだ。

水素の製造費は、製造方法によっても異なるが、販売単価は国内で統一されている。2015年1月までにエネルギー業界3社が発表した水素の販売価格は1kgあたり1000〜1100円（税別）だ。

「ミライ」は、最大約5kgの水素を充填できるので、水素の販売価格を1kgあたり1100円（税別）とすると、1回あたりの燃料代は約5500円（税別）となる。これでガソリン自動車の航続距離と同等の約650kmを走ることができる。ガソリンの販売価格は時期によって大きく変動するので、燃料代を比較するのは難しいが、1Lあたり120円（税別）として45Lで満タンになるとすると、5400円（税別）となり、おおむね同価格となる。

■燃料電池自動車以外にも水素で動く自動車がある？

　水素を燃料とする自動車は、燃料電池自動車だけではなく、水素自動車がある。水素自動車は、ガソリン自動車と同様にエンジンを搭載した自動車で、エンジン内部でガソリンの代わりに水素を燃やして走る。

　水素自動車は、1970年代から複数の国で開発されている。たとえばドイツのBMWや日本のマツダは、燃料を水素またはガソリンで切り替えられる水素自動車を発表している。水素ステーションがない場所も走行でき、燃料電池自動車よりもコストダウンできるのが利点だ。

　マツダが開発した水素自動車は、ロータリーエンジンを搭載している。ロータリーエンジンは、一般のエンジン（レシプロエンジン）のように内部でピストンが往復運動するのではなく、ローターが回転運動する。

1-5-3 水の問題

■排水は温かくなる？

「ミライ」が排出する水は、温かくなることがある。気温が下がる冬には、排水口から湯気が出ることもある。燃料電池で生じた熱で、排出する水の温度が上がるからだ。

「ミライ」には、エンジンがないのに、前部のボンネット内部にラジエーターがある。これも燃料電池で生じた熱と関係がある。つまり、燃料電池は、発電中に温度が上昇するが、あまり上がりすぎると性能が低下するので、ラジエ

ーターを使って熱を放出し、燃料電池を冷却する構造になっているのだ。

■**手動で排水するボタンがある理由**

　燃料電池自動車の排水は、基本的に自動で行われる。「ミライ」には、手動で強制的に排水するスイッチもあり、駐車中の排水を避けることができる。

　このスイッチは、仕事の関係で客先の駐車場を濡らしたくないときや、昇降式の立体駐車場に駐車するときに便利だ。昇降式の立体駐車場は、乗用車を駐車した板が上下に動く構造で、マンションなどで使われている。これに「ミライ」を駐車するときは、その前に手動で排水しておけば、排水が下の乗用車にかかるのを防ぐことができる。

■**氷点下でも動くのか**

　では、もし冬に気温が氷点下になり、排水が凍ったらどうなるのか。もちろん、内部に水がある燃料電池が影響を受け、燃料電池自動車の性能が下がりやすくなる。このため、燃料電池自動車の開発では、氷点下をふくむ低温でいかに性能を安定させるかが大きな課題だった。

　燃料電池の発電性能は、温度が氷点下になると下がりやすい。セル内部にたまった水が凍り、流路をふさぐと、水素や空気の流れを妨げてしまうからだ。

　また、燃料電池や駆動用バッテリーは、別の理由で性能が低下しやすくなる。これらの内部で起こる電気化学反応は、温度が下がるほど反応速度が下がる、つまり進みにく

くなるからだ。

現在の燃料電池自動車は、外気温がマイナス30℃でも安定して始動できるようになった。各自動車メーカーが改良を重ね、厳寒地で燃料電池自動車の評価実験を行ってきた結果だ。

たとえばトヨタは、内部に水がたまりにくい燃料電池や、燃料電池を急速暖機（だんき）して始動しやすくするシステムなどを開発し、「ミライ」に導入した。また、カナダやフィンランド、北海道の厳寒地で「ミライ」の評価実験を行い、氷点下での燃料電池の始動や出力性能を確認した。

1-6　普及のための課題

■なぜ生産台数を増やせないのか

燃料電池自動車の実用化は、電気自動車よりも遅かった。自動車に燃料電池を搭載することが、技術的にもコスト的にも難しく、長い開発期間を必要としたからだ。

ただ、実用化されても、その生産台数はガソリン自動車ほど多くない。これは、燃料電池自動車を量産する生産技術にまだ課題があるからだ。

たとえば、「ミライ」の1年間の生産台数は、トヨタが販売する乗用車の中でも少ない。トヨタが2015年1月22日に発表した計画によれば、2015年に700台程度、2016年に2000台程度、2017年に3000台程度と徐々に増産する予定だ。いっぽうトヨタには、年間生産台数が1万台を超える

車種が複数ある。

　しかし「ミライ」の注文台数は、販売開始から1ヵ月で約1500台に達し、2015年の生産計画台数を超えた。車両価格が高価で、需要が少ないから、生産台数を抑えたわけではないようだ。

　筆者は、2015年の自動車技術展で行われた「ミライ」の開発責任者の講演で、燃料電池の生産技術に課題があり、年間生産台数を増やすことが難しいと聞いた。この講演を聞いた直後に、同会場で、トヨタの開発担当者にセルの部品やその模型を見せてもらい、生産の難しさがわかった。

　まず燃料電池のセルは、紙を輪転機で印刷するのとちがって、容易に大量生産できない。取り扱いや製造が難しいデリケートな部品があるからだ。たとえば、固体高分子膜は、調理用ラップよりも薄く、わずかな傷やしわがあるだけでも不良品となる。空気極の3Dファインメッシュ流路は、構造が微細かつ複雑で、加工が難しい。

　燃料電池のセルスタックの品質や信頼性を高めるのも容易ではない。セルスタックは、電圧を稼ぐためにセルを直列につなぐので、不良なセルが1つでもあると正常に発電できない。とはいえ、生産したすべてのセルを高い精度で検査し、品質や信頼性を向上させるのは難しい。

　燃料電池自動車は、ようやく量産型乗用車が一般販売されるようになったが、生産技術の課題をクリアするには、まだ時間がかかりそうだ。

■普及の鍵は水素ステーションの整備

　燃料電池自動車が今後増え、本格的に普及するには、水素ステーションを整備する必要がある。たとえ走行性能や環境性能が優れていても、水素を補給するインフラが十分に普及していないと、ドライバーにとっては不便なクルマにすぎないからだ。

　では、水素ステーションとはどのようなもので、その整備にはどのような課題があるのか。気になる人も多いだろう。

　そこで次の第2章では、電気自動車を紹介する前に、水素ステーションをはじめとするエネルギー補給のインフラを紹介する。

コラム 「JC08モード」とは何か

　本文では、1回の水素充填で走行できる距離（航続距離）を示すとき、「JC08モード」という言葉を添えた。これは、計測に使った燃費（燃料消費率）の測定方法を示している。

　燃費は、自動車の性能を示す数値の1つだ。燃料がガソリンであれば、ガソリン1Lあたりで何km走行できるかを示す。

　燃費の測定方法は、国や地域によって決められている。実際の燃費は、自動車の性能だけでなく、運転操作や走行条件によって変化するので、同条件で走行しないと車種間での比較ができない。そこで、実際の市街地や郊外での走行を想定した走行パターン（走行速度の時間変化）を細かく規定し、自動車の性能を比較できるようにしている。このため、燃費や航続距離を表記するときは、どの燃費の測定方法を使ったかを併記する。

　「JC08モード」は、日本の国土交通省が2011年に導入した燃費の測定方法で、それまでは1991年に導入した「10・15モード」を使っていた（図1-24）。「JC08モード」は、「10・15モード」よりも速度変化がより細かく決められているなど、条件が異なるので、同じ車種でも測定結果が異なる。

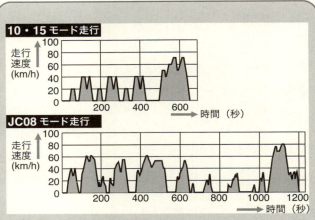

図1-24 燃費評価に使う走行モード。現在は「JC08」を採用

　測定は、実際に道路を走行するのではなく、専用の試験場の内部で行われる。審査機関(交通安全環境研究所)にある試験場で、測定器のローラーに自動車を載せ、その場で車輪を回転させて測定する。

　なお、電気自動車の場合は、燃料を消費しないので、燃費ではなく電費(電力消費率)を測定し、評価する。その測定にも「JC08モード」が使われている。

第2章 水素ステーションと充電スタンド

Infrastructure

自動車の普及には、インフラの整備が欠かせない。自動車が消費するエネルギーは、基本的にガソリンスタンドなどのインフラに立ち寄り、供給しなければならないからだ。

　これまでの自動車は、種類に応じたインフラが先に整備されてから、本格的に台数が増えた歴史がある（図2-1）。たとえば、ガソリン自動車やディーゼル自動車は、ガソリンスタンドなどの給油インフラが整備されてから台数が増えた。電気自動車は、充電スタンドなどの充電インフラが整備されてから台数が増えた。そして、第１章で紹介した燃料電池自動車は、代表的な水素充填インフラである水素ステーション（写真2-1）が整備されてから台数が増えることになる。

　本章では、まず水素ステーションを紹介し、そのあと充電スタンドやガソリンスタンドがどのように整備されてき

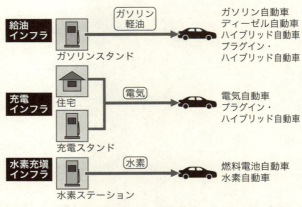

図2-1　各種自動車にエネルギー源を供給するインフラ（天然ガス除く）

第2章 水素ステーションと充電スタンド

写真2-1 水素ステーション（東京都練馬区）

たかを紹介する。水素ステーションも、充電スタンドやガソリンスタンドと同じように、これから整備されるからだ。また、近年は走行しながらエネルギーの供給を受けるシステムが導入されはじめているので、それについてもふれる。

 2-1 水素ステーションのしくみ

■水素ステーションにも種類がある

では最初に、水素ステーションを紹介しよう。現在整備が進められている代表的な水素充填インフラだ。
「水素ステーション」という言葉は、一般的にはガソリンスタンドに似た構造の施設を指して使われるが、実はこれは何種類もある水素ステーションの一種にすぎない。水素

85

ステーションは、目的や形態、水素の供給方法のちがうさまざまな種類の総称だ。

まず目的で分類すると、研究用と商用がある。研究用は実証実験を目的にしたもので、一般利用はできない。商用は一般利用を目的にしている。

形態で分類すると、定置式と移動式がある。定置式は、ガソリンスタンドと同様に、移動しない。移動式はトレーラーとセットになって移動する。

2016年1月時点では、大部分の水素ステーションは定置式だ。移動式は、定置式よりも規模が小さく、供給できる水素の量が少ない代わりに、定置式が設置できない場所でも水素を提供できる利点がある。

水素の供給方法で分類すると、オフサイト型とオンサイト型がある（図2-2）。オフサイト型は水素を製造せず、オンサイト型は水素を製造する。定置式は両方あるが、移動式はオフサイト型のみだ。

オフサイト型は、大規模な水素製造設備から運んできた水素を、圧縮して貯蔵し、供給する。このため、水素を圧縮する圧縮機（昇圧機）と、圧縮水素を貯める蓄圧器、そして自動車に供給するディスペンサーがある。オンサイト型は、これら以外に、水素製造装置がある。

定置式のオフサイト型で供給する水素は、圧縮水素または液体水素として運ぶ。圧縮水素は、シリンダーと呼ばれる円筒形容器に充填し、トレーラーなどで運ぶ。液体水素は、専用のコンテナの容器に入れてトレーラーなどで運ぶか、液化水素ローリーと呼ばれる大型貯槽を搭載した特殊

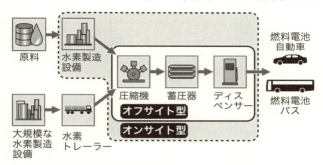

図2-2　定置式水素ステーションの種類

車両で運ぶ。液体水素は、圧縮水素よりも密度が高いので、一度に大量の水素を運べるが、取り扱いが難しい。

　オフサイト型とオンサイト型には、それぞれ一長一短がある。オフサイト型は、水素を運ぶ必要があるが、水素製造装置がないため、システムの立ち上がりが早い。オンサイト型は、水素の原料を運ぶだけで、水素を運ぶ必要はないが、水素製造装置があるため、システムの立ち上がりが遅い。

■水素はどのようにしてつくるのか

　第1章でもふれたように、水素の製造方法は複数ある（図2-3）。おもな方法には、①燃料から取り出す、②副生水素を使う、③バイオマスなどから取り出す、④自然エネルギーを利用する、などがある。

　①の燃料から取り出す方法では、燃料に天然ガスやLPガス、メタノール、脱硫ガソリン、ナフサなどが使われる。燃料を改質器に入れると、水素を取り出すことができ

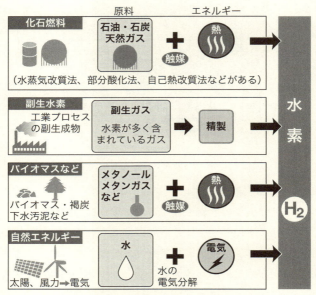

図2-3 水素のおもな製造方法

る。ただし、燃料にふくまれる炭素は、改質器で空気中の酸素と反応するので、CO_2が出る。

②の副生水素は、工業の副産物として出る水素だ。食塩水の電気分解や、エチレン分解で生成され、コークス炉ガスから分離して取り出すこともできる。

③のバイオマスなどから取り出す方法は、近年開発が進んでいる。原料が炭素をふくむので、①と同様に製造工程でCO_2が出るが、木くずや下水汚泥、褐炭のように、従来捨てていたものからエネルギーを取り出せる点が注目されている。

下水汚泥は、生活排水を浄化する下水処理場の排出物だ。それを処理する過程で出るバイオガス（メタンガス）は、従来は一部が回収され、余剰ガスとして焼却処分されていたが、改質器に入れれば、水素を取り出せる。

　褐炭は、石炭の一種で、水分や不純物が多く、品位がもっとも低い。使い道がないとされてきたが、専用のガス炉で不完全燃焼させれば、水素を取り出すことができる。

　実際に水素を取り出す試みは、すでに始まっている。たとえば福岡市では、2015年3月に、下水汚泥を原料とした水素を供給できる世界初の水素ステーションが開設された。1日に製造できる水素の量は3300m^3で、水素を燃料とする自動車約65台分に相当する。この水素ステーションは研究用で、現在実証実験が行われている。

　褐炭から合成天然ガス（SNG）やメタノール、水素などを製造する技術は、国内でも開発されている。現在は、それを石炭産出国であるオーストラリアで商業化するプロジェクトも進んでいる。

　④の自然エネルギーを利用する方法は、第1章でもふれた水の電気分解を利用するもので、太陽光発電や風力発電で得た電気を水素製造に生かせる利点がある。太陽光発電や風力発電は、発電量が気象条件で大きく変動するという弱点があるが、得た電気で水の電気分解を行い、つくった水素を貯蔵することができれば、弱点をカバーできる可能性がある。

　オンサイト型では、おもに①が検討されている。①の各種の燃料から取り出す方法は、研究用水素ステーションで

実証実験が行われている。

■整備にはいくらかかるのか

　燃料電池実用化推進協議会（FCCJ）は、日本における燃料電池自動車や水素ステーションの普及に向けたシナリオを2010年3月に更新し、燃料電池自動車よりも先に水素ステーションを増やすことを示している（図2-4）。ただし、この通りに設置数が増えるかは不透明な状況だ。

　水素ステーションの普及で、大きなネックになるのは、整備にかかるコストだ。たとえば、国内で定置式を1ヵ所建設するのにかかるコストは、5億円程度だとされる。これは、従来のガソリンスタンドの約5倍だ。

　整備コストが高いのは、構造が特殊だからだ。また、ガソリンスタンドよりも広い敷地が必要で、立地の規制もきびしく、設置場所が限られるなどの制約もある。

　整備コストの回収も難しい。燃料電池自動車が増えるまでは、水素販売で十分な収入を得られないからだ。

　このため、国や一部の自治体が補助金を出し、水素ステーションの整備を支援しているが、整備のスピードは速いとは言えない。経済産業省が2014年6月に策定した「水素・燃料電池戦略ロードマップ」には、2015年内に4大都市圏（首都圏・中京圏・関西圏・福岡圏）を中心に100ヵ所程度の水素供給場所を確保することを目指すと記されている。燃料電池実用化推進協議会がネットで公開したデータによれば、国内の商用水素ステーションの数は、2016年1月28日時点で35ヵ所（移動式をふくむ）であり、目標の

第2章 水素ステーションと充電スタンド

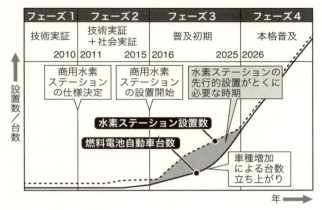

図2-4 日本での燃料電池自動車と水素ステーションの普及のシナリオ（2010年3月版、一部改変）

3分の1程度に留まっている。

 2-2 充電スタンドのしくみ

次に、水素ステーションよりも先に増えた充電スタンド（写真2-2）を紹介しよう。充電スタンドは、電気自動車に電気を供給する代表的な充電インフラで、国内では設置数が計画通りに増えなかった経緯があるので、水素ステーション整備のために学べる部分がある。

■2種類ある充電方式

まず、充電スタンドの話に入る前に、電気自動車の充電について説明しておこう。ガソリン自動車の給油や、燃料電池自動車の水素充填とは、エネルギー補給の考え方が根

91

写真2-2 充電スタンド(常磐道・千代田PA)

	急速充電	普通充電
充電場所	充電スタンド	自宅・充電スタンド
充電時間	短い(約30分*)	長い(約8時間*)
入力	三相交流200V	単相交流100/200V
出力	直流	単相交流100/200V
電力変換	充電器	自動車

[*]:日産「リーフ」、駆動用バッテリー24kWhの場合。普通充電は単相交流200V

図2-5　急速充電と普通充電(日本のおもな例)

本的に異なるからだ。

　電気自動車の充電には、普通充電と急速充電の2種類がある(図2-5)。普通充電は、小電流を長時間流す方式で、通常の充電に使う。急速充電は、大電流を短時間流す方式で、出先で駆動用バッテリーに残量が少なくなったときな

第2章 水素ステーションと充電スタンド

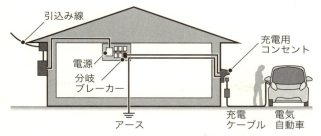

図2-6 戸建住宅での普通充電設備の工事例

どに使われることが多い。日本では、普通充電には交流（単相100/200V）、急速充電には直流（最大500V/100A）の電気がおもに使われる。電気の種類が異なるのは、使用頻度が高い普通充電では低コスト化、使用頻度が低い急速充電では時間短縮と安全を、それぞれ優先した結果だ。

電気自動車は、基本的に毎日普通充電することを前提に設計されている。ガソリン自動車は、燃料タンクの残量が少なくなったときだけガソリンスタンドでガソリンを給油するが、電気自動車は、駆動用バッテリーの残量に関係なく、毎日充電するのだ。

また、ガソリンは消防法が定める危険物で、取り扱いには免許がいるので、一般個人が自宅で備蓄してガソリン自動車に給油することはできない。いっぽう、電気自動車の普通充電は、一般個人が自宅でもできる。家庭用コンセント（単相100V）につないでも充電できるが、時間がかかる。自宅（戸建住宅）を電気工事して、高電圧（単相200V）で充電できる設備を設ければ、単相100Vよりも短い時間で充電できる（図2-6）。

93

電気自動車が1回の充電で走行できる距離は、消費電力や駆動用バッテリーの容量などで制限される。それを超えなければ、自宅で毎日充電するだけで済み、充電スタンドに行く必要がない。
　とはいえ、自宅から離れた場所で駆動用バッテリーの残量が少なくなることもある。そのときが、充電スタンドの出番だ。
　充電スタンドは、普通充電用と急速充電用がある。急速充電用では、残量が80％程度になったときに自動的に終了することがある。電気自動車に使われる駆動用バッテリーは、残量がフルに近い状態まで急速充電すると、種類や状態、温度によって劣化しやすくなることがあるので、充電スタンドが駆動用バッテリーをリアルタイムで監視しながら電流を制御して、それを回避しているのだ。

■約30分をどう過ごすか

「ミライ」の水素充塡やガソリン自動車の給油は、おおむね3分程度で終わるが、第3章で紹介する日産の電気自動車「リーフ」（24kWhタイプ）の急速充電には約30分かかる。30分というと、コンビニに立ち寄ったり、カフェでちょっとお茶したりしていれば過ぎる時間だ。
　このことは、急速充電の規格名の由来にもなった。日本でおもに使われている規格「CHAdeMO（チャデモ）」は、「CHArge de MOve（動くための充電）」の略であると同時に、「de」は電気、そして「クルマの充電中にお茶でもいかがですか」という意味が込められている。日本で

第2章 水素ステーションと充電スタンド

	CHAdeMO （日本）	CHTARC （中国）	Combo 1 （アメリカ）	Combo 2 （ドイツ）
充電器の コネクター		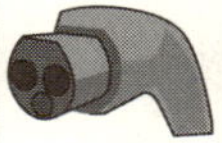		
車両側 インレット （接続部）				
通信方式 プロトコル	CAN		PLC	

図2-7　世界のおもな急速充電器の規格

2010年に定められた規格で、海外でも導入されている。日本の急速充電用充電スタンドのほとんどは、電気自動車に接続するコネクターの構造や電気方式、通信方式などが、「CHAdeMO」規格で統一されている。

世界には、「CHAdeMO」以外にも複数の急速充電の規格があり、アメリカやドイツで導入例が多い「Combo（コンボ）」などがある（図2-7）。「Combo」は、Combined Charging System（コンバインド・チャージング・システム）の略だ。コネクターが急速充電と普通充電で共通なのが特徴だ。

■もっと短時間で充電できないのか

ではなぜ急速充電に約30分もかかるのか。それは、駆動用バッテリーだけでなく、設備の限界が関係している。

電気自動車の駆動用バッテリーには、おもにリチウムイ

オン電池が使われているが、今は、東芝が開発したリチウムイオン電池の一種（SCiB）のように、6分間で充電できる電池が存在する。

もし、電気自動車に搭載した大容量の駆動用バッテリーを6分間で充電しようとすると、数百kAという大容量の電流を流すことになる。もちろん、今の充電スタンドにあるケーブルでは流せない。充電スタンドや電気自動車を、それに耐え得る構造にすると、構造が大掛かりになり、コストが増大する。つまり、設備として現実的ではないので、電流を抑え、30分程度かけて流しているのだ。

■充電スタンドの整備費は？

充電スタンドの整備コストは、水素ステーションやガソリンスタンドにくらべると安い。たとえば、急速充電用の充電スタンドであれば、整備費は1ヵ所あたりおおよそ数百万円だ。しかも、狭い場所にも設置できるので、2011年ごろから本格的に増えはじめ、今ではコンビニやショッピングセンターの駐車場、あるいは高速道路のサービスエリアやパーキングエリアなどでも見かけるようになった。

充電スタンド情報サイト「GoGoEV」によれば、日本全国の登録充電スタンド数は、2016年1月28日時点で普通充電が1万270ヵ所、急速充電が6181ヵ所で、合わせて1万6451ヵ所だ。その数は、ガソリンスタンド（サービスステーション）の数（33510ヵ所・平成26年度末・経済産業省発表）には及ばないし、経済産業省が2013年に掲げた整備目標（2014年3月までに普通充電器6万基、急速充電器4

万基)にも達していない。国からの補助金があっても、設置事業者に利点が少なく、設置が計画通りに進まなかったからだ。

このため、国内の自動車メーカー4社(トヨタ・日産・ホンダ・三菱)は、2014年5月に共同で会社(日本充電サービス・略称NCS)を設立し、充電スタンドの普及を支援することになった。また、自動車メーカー4社で分かれていた充電サービスが一体化され、1枚のICカード(NCSカード)で利用できるようになった。

充電スタンドは、水素ステーションよりも規模が小さいのに、整備が遅れた。そのためか、近年国内での電気自動車の販売台数が伸び悩んでいる。となれば、水素ステーションの整備や燃料電池自動車の普及でも同じような遅れが生じる可能性はある。

■充電スタンドの利用料金は?

充電スタンドの利用料金は、ICカードをタッチして支払う。利用料金は、場合によって異なるので、使うICカードの料金体系を確認する必要がある。

現在の日本の支払いシステムは一般にわかりやすいとは言えない。ガソリンスタンドのように、現金やクレジットカードですぐに支払いができないので、初めて支払うときは戸惑う。また、NCSカードや自動車メーカーの充電サービスカードを持っていないと、使える電子マネーが制限されたり、クレジット決済で手間がかかったりする。このようなわかりにくい部分が解消されることも、電気自動車の

普及には必要だろう。

■ **コネクターをつながないワイヤレス給電**

　近年は、充電スタンドでコネクターを接続せずに充電できる電気自動車の開発や導入も始まっている。この電気自動車は、ワイヤレス給電を採用しており、地上から車両に非接触で電気を供給し、内部の駆動用バッテリーを充電することができる。

　ワイヤレス給電には、おもに3つの方式が検討されている（図2-8）。①電磁誘導方式、②電磁界共鳴方式、③電波方式だ。

　①の電磁誘導方式は、送電コイルと受電コイルを隣接させ、電磁誘導現象を利用して電気を伝える方式だ。大電力を伝えることも可能だが、送電コイルと受電コイルの距離が離れすぎると効率が下がり、十分に電力を伝えられない。

　②の電磁界共鳴方式は、電磁界と共鳴現象を利用して、送電コイルから受電コイルに電力を伝える方式だ。

　③の電波方式は、電流をマイクロ波などの電磁波に変換し、アンテナを介して伝える方式だ。距離が離れていても電力が伝わるが、効率などに課題がある。

　①は、現在国内外で実用化に向けた検討が行われている。日本では、一部の電気バスで、停車中に充電するシステムとして実用化されている。

　また、ワイヤレス給電を応用した道路充電システムも検討されている。自動車が公道を走りながら充電できるシス

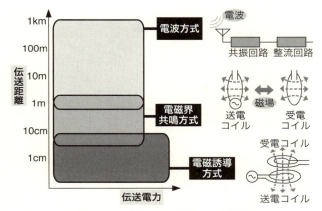

図2-8 ワイヤレス給電のおもな種類

テムで、電気自動車の航続距離を延ばす技術として注目されている。

 ## 2-3 給油インフラの歴史

次に、代表的な給油インフラであるガソリンスタンドがどのように普及してきたかを探ってみよう。自動車の普及とともに歩んだガソリン自動車も、ガソリンスタンドの数の増加とともに台数が増えた歴史があるからだ。

■最初にガソリンを販売したのは薬局

ドイツのカール・ベンツは、1885年に世界初の3輪ガソリン自動車（写真2-3）を開発し、1888年にガソリン自動車の販売を開始した。ところが当時はまったく売れなかっ

写真2-3　1885年にカール・ベンツが開発した3輪ガソリン自動車（ドイツ技術博物館・ベルリン）

た。

　そこで妻のベルタ・ベンツは、夫が開発したガソリン自動車の有用性を証明するため、自らそれを運転して、ドイツ南西部を旅した。その途中、薬局で染み抜き用のベンジン（ガソリン）を購入した。世界で最初にガソリン自動車に燃料を販売したのは、この薬局だった。当時は給油インフラがなかったからだ。

　世界初の本格的なガソリンスタンドは、1905年にアメリカのセントルイスでつくられた。そのあと、1908年にアメリカで大量生産によるコストダウンを図った「フォードT型」が登場すると、ガソリン自動車の販売台数が急速に増え、自動車が大衆化した。

　このような初期のガソリン自動車の歴史をたどると、先にガソリンスタンドがつくられ、数が増えてから、ガソリ

ン自動車の台数が増えたことがわかる。

■**日本での本格普及は戦後から**

同じことは、日本でも起きた。

日本では、戦後の1950年代からガソリンスタンドの数（給油所数）が増え始め、1970年代に伸びが鈍化した（図2-9）。本格的に増えたのは、1955年～1975年の20年間で、5万ヵ所増えた。自動車保有台数は、1960年代半ばから本格的に増え始めた。

このときの自動車のほとんどは、石油燃料を消費するガソリン自動車などの内燃自動車なので、一足早く給油インフラが整備されたことが、自動車の普及に大きく寄与したことがわかる。

現在は、自動車保有台数が伸び悩んでいるので、今後電気自動車や燃料電池自動車が、1950年代～1970年代の自動車保有台数と同じように増えるとは考えがたい。ただ、充電スタンドや水素ステーションが早期に整備されること

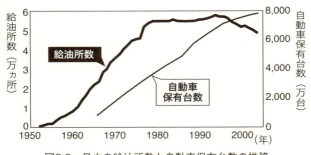

図2-9　日本の給油所数と自動車保有台数の推移

が、今後普及する上での大きな鍵になることは、このデータからもわかる。

第3章 電気自動車のしくみ

Electric Vehicle : EV

NISSAN LEAF

3-1 「リーフ」を運転する

■日本よりも海外で売れている国産電気自動車

　さあ、第１章の燃料電池自動車に続き、電気自動車（Electric Vehicle：EV）を試乗してみよう。これから運転するのは、日産が開発した「LEAF（リーフ）」だ（写真3-1）。世界を走る電気自動車の中で、もっとも累計販売台数が多い車種だ（EV Sales・2015年４月25日発売）。日産は、2015年12月９日に、販売開始（2010年12月）以来の累計販売台数が、2016年１月に20万台を達成する見込みを発表した。試乗するのは、2015年12月にマイナーチェンジする前の日本仕様車（Sグレード）だ。
「ミライ」が燃料電池自動車であることが、外見ではわかりにくかったように、「リーフ」が電気自動車であることも外見ではわかりにくい。電気自動車は、すでに日本で一般販売されているので、その構造を知っている人も多いだろうが、改めてどんな自動車かをおさらいしておこう。

　電気自動車は、一般的に駆動用バッテリーを電源として、モーターで駆動する自動車を指す。燃料電池自動車とくらべると、モーターのみで駆動し、走行中に排気ガスを出さない点が同じだが、燃料電池がない点が異なる。また、駆動用バッテリーが唯一の電源なので、燃料電池自動車のものよりも容量が大きいものが使われている。

　燃料電池自動車の販売台数が増えるのはこれからだが、

第3章　電気自動車のしくみ

写真3-1　本章で試乗する日産の電気自動車「リーフ」(2015年12月マイナーチェンジ前・写真：日産自動車)

電気自動車はすでに国内保有台数だけでも7万台を超えている (2014年度末)。世界の複数の自動車メーカーが電気自動車を開発し、販売しているので、すでに多くの車種が存在する。その中でもっとも累計販売台数が多いのが、冒頭で紹介した「リーフ」だ。

「リーフ」は、日本よりも海外で多く売れている。2014年の年間販売台数 (6.1万台) のうち、8割近くを海外販売が占めている。

■「リーフ」を観察してみる

「リーフ」は、3ナンバー・5ドアハッチバックの5人乗り乗用車だ。名前の由来は、植物の「葉」を意味する英語だ。日産の公式ウェブサイトの「車名の由来」には、自然

105

界で葉が大気を浄化するように、走行時の排気ガスをなくすことを意味すると記されている。

ガソリン自動車との構造のちがいは、「ミライ」と同様に、見た目ではわかりにくい。ただ、よく観察すると、前部のボンネットカバーの形が特殊で、全体のカバーとは別に、ナンバープレートの真上に小さなカバーがあることに気付く。この小さなカバーの下には充電ポートがあり、充電設備のコネクターを接続できる構造になっている。

後部は、「ミライ」と同様にマフラーや排気口がない。また、「ミライ」にあった排水口もない。エンジンも燃料電池も載っていないからだ。

ドアを開けて運転席に座ってみよう。車内を見回しても、電気自動車ならではの見た目の特徴は見当たらない。

起動の静かさは「ミライ」と似ている。ハンドル左側にあるパワースイッチを押すと、メロディーが流れて起動し、正面にある上下の画面が光る。そのあとはエアコンの音が聞こえるだけ。エアコンも停めると、静かさがよくわかる。ボディの振動もない。

正面に見える画面表示は、上下2段に分かれている（写真3-2）。上の画面には速度計などが表示される。下の画面には、駆動用バッテリーの残量や電費、航続可能距離（1充電走行可能距離）のように、ガソリン自動車にはない表示がある。

電費は、ガソリン自動車の燃費のように、エネルギーの消費率を示す値だ。単位電力量（1kWh）でどれだけの距離（km）を走行したかを示し、「km/kWh」という単位

第3章　電気自動車のしくみ

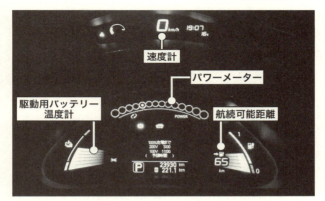

写真3-2　運転席正面のディスプレイ

で表示される。

■運転するとわかる応答の良さ

「リーフ」を発進させてみよう。左手でシフトレバーを「Ｄ」に入れ、両手でハンドルを握り、ブレーキを解除すると、静かに動き出す。低速では「ミライ」と同様に車両接近通報装置が作動し、外のスピーカーから接近を周囲の人に知らせる「ビー」という通報音が出る。「リーフ」の場合は発進から30km/hを超えるまで車外に向かって出るが、窓を閉めていると車内では気付きにくい。

右足でアクセルペダルを踏むと、モーターがすぐに応答して加速が始まり、「ミライ」と同じようにかすかに「キーン」という磁励音が聞こえる。アクセルペダルを離すと、すぐに回生ブレーキが働き、「キーン」という音を出

107

しながら徐々に減速する。これを繰り返すと、アクセルペダルの動きがモーターに直接伝わっているように感じるが、「ミライ」と同様に、そう感じるように制御している。

ハンドルを動かすと、すぐに応答してスッと曲がることができる。そのことは、市街地の道路で車線変更するときにもわかる。

■**静かでパワフルな加速**

モーターの稼働状況は、パワーメーターで確認できる。パワーメーターは、正面下の画面にあり、出力が出るほど右の白の円が多く点灯し、回生ブレーキが働くほど左の緑の円が多く点灯する。これを見れば、モーターがエネルギーを消費したり、発電機になってエネルギーを回収したりする様子がわかる。

ハンドル左側のマルチモニターは、カーナビのほかに、電力消費計を表示するモードがあり、モーターなどの消費電力が円グラフのように表示される（写真3-3）。

筆者は、安全が確保できる場所で、パワーメーターやモーターの消費電力を見ながら、アクセルペダルを強めに踏んだことがある。

いったん停車してから、安全を確認した上で、アクセルペダルを踏み込むと、その瞬間にグッと背中が座席に押されるようになり、力強い加速が始まる。パワーメーターの白い円はすべて点灯し、電力消費計のモーターの消費電力グラフがグンと上がる。モーターからは「キーン」という磁励音が響き、スピードが見る見る上がる。加速の様子は

第3章 電気自動車のしくみ

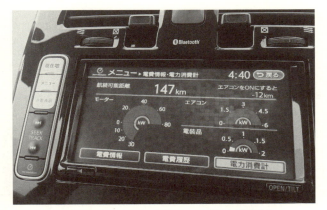

写真3-3 左の画面に表示される「電力消費計」

「ミライ」と似ており、速度が上がっても、背中を押す力がほぼ一定だ。ただし、燃料電池がないので、空気を送る回転機の「ヒューン」という音は聞こえない。静かなのにパワフルな走りだ。

　加速性能は、高速道路を走るとよくわかる。本線に合流するときは、低速から100km/hまでトルクが安定したまま、なめらかに加速する。「キーン」という磁励音は大きくなるが、それでもガソリン自動車にくらべれば静かだ。

　高速道路では、一定の速度で走る巡航中もモーターの消費電力が大きい。少しアクセルペダルを踏むだけで、グイッと加速するが、その瞬間にモーターの消費電力がグンと上がり、最大の80kWに達する。

　ただし、消費電力が大きいと、その分だけ駆動用バッテリーの残量が減るので、航続可能距離が徐々に減る。とく

に高速道路では、減るスピードが速い。それゆえに、「リーフ」をレンタカー店で借りると、高速道路を走るときは注意してほしいと言われることがある。

■山道では野鳥の声も聞こえる

運転操作に慣れたら、カーブやアップダウンが連続するワインディングロードを走ってみよう。街中を走るよりも走行性能がよくわかるからだ。

走る前に、充電スタンドの位置を確認しておこう。ワインディングロードは、都市部から離れた場所にあることが多く、充電スタンドがすぐに見つからない場合があるからだ。ただし、充電スタンドは水素ステーションよりも普及しており、数は少ないが、都市部以外にも存在する。「リーフ」の場合は、充電スタンドの位置を、車内のカーナビで検索できる。

ワインディングロードで「リーフ」を運転すると、ガソリン自動車との走りのちがいがよくわかる。アクセルペダルやハンドルの応答が速いだけでなく、走りが安定しており、静かだからだ。急カーブでも遠心力の影響を感じにくく、スムーズに通過できる。

筆者は「リーフ」で茨城県の筑波山麓にある表筑波スカイラインを走った。窓を開けても静かで、ガソリン自動車ならエンジン音でかき消されてしまうような小さな音まで聞こえた。山にいる野鳥の鳴き声がはっきり聞き取れるのは、静かに走る電気自動車ならではだ。

■航続可能距離は運転操作次第で延ばせる?

「リーフ」は、慣れないと航続可能距離が少しずつ減るのが気になる。とくに充電スタンドが少ない場所であと数十kmしか走れないと表示されると、やや焦る。

航続可能距離を少し延ばす方法はある。たとえば、シフトレバーを「D」から「エコモード」にすると、航続可能距離が増える。ただし、「D」のときよりも加速がやや鈍くなり、回生ブレーキがやや強めに働く。

ただ、慣れてしまえば「エコモード」でも不自由は感じない。長く走りたい人や、消費電力を抑えたい人にとっては、「エコモード」が実用的なドライブモードで、「D」はパワフルな走りを楽しむスポーツモードと言えるだろう。

また、エアコンを停めると、航続可能距離が増える。マルチモニターに表示される電力消費計には、エアコンの消費電力も表示され、それがゼロになると、航続可能距離の数値も上がる。

さらに、ドライバーが運転操作を工夫することでも、航続可能距離が減りにくくなる。たとえば、加速時はパワーメーターの白い円が多く点灯しないように、減速時は緑の円が多く点灯するようにペダルを操作すると、モーターの消費電力が下がり、回収するエネルギーが増える。その状態を保つように運転すると、急な加速やブレーキをしなくなる上に、航続可能距離が減りにくくなり、電費が上がる。

■「エコ」を楽しむアトラクション

「リーフ」には、ドライバーが「エコ」な運転を楽しめるようなアトラクションもある。「エコ」を実現する操作をドライバーに押し付けるのではなく、むしろそれをゲーム感覚で楽しめるように工夫してあるのだ。

たとえば正面上の画面には、速度計の左側にエコインジケーターとエコツリーと呼ばれる表示がある（写真3-4）。エコインジケーターは、瞬間的なエコ状態を表示し、省エネな運転をすると白く点灯する部分が増える。エコツリーは、エコ状態の累積結果を表示するもので、省エネ運転をすると、表示される木が根元から段階的に大きくなり、最大5本の木が立つ。つまり、木が多く立つように操作すれば、「エコ」な運転になるのだ。

写真3-4　正面上の画面。「エコインジケーター」は瞬間的なエコ状態、「エコツリー」はエコ度累積結果を示す

第3章 電気自動車のしくみ

　また、他のドライバーと「エコ」な運転を競う機能もある。エコ状態の累積データは、無線通信で日産のデータセンターに送られるので、ランキング機能を使えば、世界の「リーフ」オーナーと消費電力や走行距離などを競うことができる。つまり、「エコ」をオンラインゲームのような感覚で楽しめるのだ。

 ## 3-2　走りと構造の関係

　なぜ「リーフ」は加速性能や操縦安定性がよいのか。構造をくわしく見ながら探ってみよう。

■ボンネットを開けてみる

　電気自動車のパワートレインは、おもにモーターやパワ

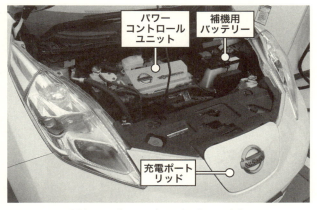

写真3-5　「リーフ」のボンネット内部

113

写真3-6 「リーフ」の充電ポート

ーコントロールユニット、そして駆動用バッテリーの３点で構成されている。燃料電池自動車のパワートレインとくらべると、燃料電池や高圧水素タンクなどがない。また、駆動用バッテリーが唯一の電源となるので、容量が大きい駆動用バッテリーが使われているという特徴がある。

「リーフ」では、モーターやパワーコントロールユニットが前部のボンネットの内部にある。ボンネットを開けると、左に「Zero Emission（ゼロ・エミッション：排出物ゼロ）」と書かれた白い部品がある（写真3-5）。これはパワーコントロールユニットで、燃料電池を制御する部分がないので、「ミライ」のものより小さい。燃料電池の制御はせず、モーターの制御だけをするからだ。その下には、モーターが１個あり、左右２つの前輪を駆動するしくみになっている。

充電するときは、ボンネットの前部にある充電ポートリッドを開け、内部にある充電ポートにコネクターを接続する。充電ポートは、普通充電用と急速充電用があり、形状が異なる（写真3-6）。

なお、充電ポートリッドは、大きなボンネットカバーと同時に開かない構造になっている。ボンネット内部には、大電流が流れる機器があるので、充電中はボンネットカバーが常に閉まるようにして感電事故を防いでいる。

■グラフでわかる安定した加速

「リーフ」が加速をするときは、背中が一定の力で押され続けるような感じだった。これは「ミライ」の加速と似ており、ガソリン自動車では味わえない感覚だ。

日産は、これを裏付けるグラフをウェブサイトで公開している（図3-1）。このグラフは、加速の時間変化を「リーフ」とガソリン自動車でくらべたものだ。

両者のちがいは一目瞭然だ。ガソリン自動車では、加速

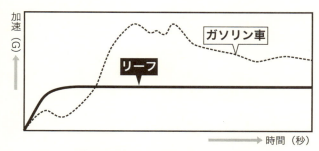

図3-1　加速の時間変化（2015年マイナーチェンジ前）

度が時間とともに上下する。いっぽう「リーフ」では、加速度がいったん立ち上がるとほぼ一定に保たれる。ずっと同じ力で背中を押されるように感じるのはこのためだ。なお、2015年のマイナーチェンジでは、加速度の立ち上がり方が変わった。

「リーフ」の加速性能がよいのは、たんにモーターの出力特性によるものだけでなく、日産が「リーフ」のために開発した新型モーターの性能が高いからだ。このモーターは、応答性を高めて俊敏な加速を可能にし、モーターが苦手な高速走行でも出力を発揮できるように設計されている。高速道路で走るときも、アクセルペダルを少し踏むだけでグイッと加速するのは、このためだ。

このモーターの最大出力や最大トルクは、「ミライ」のものより小さい。ただ、「リーフ」の車両重量は、「ミライ」よりも約2割軽い。このためか、発進から100km/hまで加速するのに要する最短時間は、「リーフ」と「ミライ」で同程度とする評価結果がある。

■操縦安定性とパワートレイン

ハンドルの応答がよく、ワインディングロードでも走りが安定しているのは、「リーフ」の操縦安定性が優れているからだ。これは、パワートレインの重量バランスや、低重心化と大きな関係がある。

パワートレインでとくに重い部品には、駆動用バッテリー（重量約300kg・写真3-7）があり、車体中央の床下に配置してある（図3-2）。「リーフ」の駆動用バッテリーは、

第3章 電気自動車のしくみ

写真3-7 「リーフ」の駆動用バッテリー（自動車技術展2015）

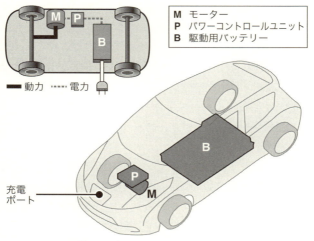

図3-2 「リーフ」のパワートレイン（イメージ）

駆動の唯一の電源なので、大容量（24kWh・2015年マイナーチェンジ前）で重い。パワートレイン全体の部品の配置が工夫してあり、前後左右の重量バランスを最適化して、低重心化を図っている。

　ボディは、「ミライ」と同様に、ねじり剛性が高い高剛性ボディが採用されている。また、正確な駆動力制御によってステアリング性能が高めてある。これらも、操縦安定性を向上させる要因になっている。

■なぜ駆動用バッテリーの容量を増やせないか

　ここまで紹介した加速性能や操縦安定性は、駆動用バッテリーの残量が十分にあるとき楽しめる。いっぽう、残量が減り、航続可能距離が20km、10kmと短くなってくると、楽しむどころではなくなり、充電できる場所にたどり着けるか気になる。

　ではなぜ、駆動用バッテリーの容量をもっと増やし、航続可能距離を長くしないのか。それは、容量が増えると重量やコストが増えるからだ。重量が増えると、車両全体の重量を引き上げ、走行性能が低下する。コストが増えると、車両価格がつり上がり、ユーザーが購入を敬遠する要因になる。

「リーフ」は、マイナーチェンジ前の2015年10月時点の車両価格が税込約273万円からで、国からの補助金が最大27万円あるとはいえ、同クラスのガソリン自動車よりも高価だ。また、車両価格の約半分を、駆動用バッテリーが占めていると報じられている。2015年のマイナーチェンジ以降

は、容量を24kWhから30kWhに引き上げたタイプも販売されているが、その分車両価格は40万円程度高い。

「リーフ」や、近年登場した電気自動車の駆動用バッテリーには、リチウムイオン電池が使われている。リチウムイオン電池は、充電可能な二次電池の一種で、「ミライ」で使われているニッケル水素電池よりも高価なので、バッテリーユニットの容量を増やすと、コストが増大しやすい。

3-3 リチウムイオン電池

■なぜリチウムイオン電池なのか

ではなぜ、高価なリチウムイオン電池を使うのだろうか。それは、大容量のバッテリーユニットを小型軽量化でき、継ぎ足し充電ができるなど、車載電源に適した性能があるからだ。とくに乗用車では、搭載する部品の重量や体積にきびしい制約があるので、大容量化と小型軽量化の両方が実現できるリチウムイオン電池はうってつけなのだ。

小型軽量化できるのは、エネルギー密度が高く、1つのセルあたりの電圧が高いからだ。エネルギー密度が高いことは、単位重量または単位体積あたりで充電できる電気容量が大きいことを指し、リチウムイオン電池は鉛蓄電池やニッケル水素電池よりもこれらの値が大きい。また、1つのセルあたりの電圧は、「公称電圧」と呼ばれる通常使用時の目安では、リチウムイオン電池は3.7Vで、鉛蓄電池(2.0V)の約1.8倍、ニッケル水素電池(1.2V)の約3.1倍あ

る。その分、直列でつなぐ電池の数を減らすことができる。

リチウムイオン電池は、1991年に日本のソニー・エナジー・テック（現在のソニーエナジー・デバイス）が世界で最初に量産化した。現在は、その利点を生かして、スマートフォンやタブレット端末、ノートパソコンなどのモバイル端末の電池としても使われている。

■なぜリチウムイオン電池は高価なのか

ではなぜ、高価なのか。それは、高価な材料を使うだけでなく、安全対策が必要だからだ。電極や電解液が高価であるだけでなく、安全性に関わるデリケートな部分があり、それをカバーする工夫をした結果、構造が複雑になり、製造コストが高くなるのだ。

その理由は、リチウムイオン電池の原理や構造を知るとわかる。まずは、その基本となる、充電や放電の原理から説明しよう。

■充電・放電の原理

リチウムイオン電池は、電解液に2つの電極を浸ける構造だ（図3-3）。金属元素であるリチウムは、水と激しく反応する性質があるので、電解液は有機溶媒だ。充電・放電の反応が進むと、電解液の中でリチウムイオン（Li^+）が正極と負極の間を移動する。電極の材料には、金属リチウムは使われてない。これが、「リチウム電池」ではなく、「リチウムイオン電池」と呼ばれる理由だ。なお、使い捨

第3章 電気自動車のしくみ

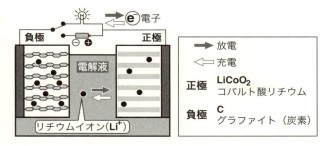

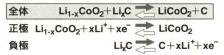

図3-3 リチウムイオン電池の原理(正極がコバルト酸リチウムの場合。「リーフ」では正極がマンガン系)

ての一次電池には、「リチウム電池」と呼ばれる電池もあり、デジカメやパソコンの内部電池などに使われている。

電極は、正極と負極で材料が異なり、ともにリチウムイオン(Li^+)を吸収・放出する役割をする。

正極には、コバルト酸リチウムなどの結晶が層状になった層状化合物が使われている。リチウムイオンは、層の間に吸収される。

負極には、グラファイト(炭素の結晶の1つ、別名は黒鉛)などが使われる。グラファイトは、炭素原子が亀の甲状につながった層が積み重なった構造の層状物質だ。負極に使うときは、リチウムイオンが層の間に吸収される。

正極と負極を電球などの負荷でつなぐと、正極から負極に電流が流れ(電子は電流と逆向きに移動)、リチウムイ

121

オンが負極から放出され、電解液を移動し、正極に吸収される。充電するときは、電子やリチウムイオンは逆向きに移動する。

繰り返し使えるのは、反応が可逆で、電解液や電極が劣化しにくいからだ。マンガン電池などの一次電池は、一度放電すると逆の反応が安定に進まず、電解液や電極が劣化して性能が低下するので、充電して再度使うことができない。リチウムイオン電池は、充電や放電をしても、電解液は反応に関与せず、電極はリチウムイオンを出し入れするだけで、構造が変わらない。だから、充電すれば繰り返し使うことができるのだ。

ただし、寿命があるので、永久には使えない。サイクル寿命、つまり充電・放電を繰り返すことができる回数は、一般的に1000回程度とされ、近年はこれ以上のリチウムイオン電池も商品化されている。また、放電深度を浅くする、つまり完全に放電させて使い切らず、少し残量を残したまま充電すると、寿命が格段に延びる。

■扱いが難しいデリケートな電池

リチウムイオン電池は、使い方を誤ると、発熱や発火、破裂が起こる可能性がある。これが、先ほど述べた安全性に関わるデリケートな部分だ。

発熱や発火、破裂は、過充電や過放電で起こりやすい。過充電や過放電は、規定の電圧を超えて充電や放電をすることだ。

過充電すると、発熱するだけでなく、電解液の有機溶媒

に引火して、発火や破裂が起こることがある。内部でリチウムイオンが金属リチウムになって、デンドライトと呼ばれる樹枝状の結晶ができ、電池内部で正極と負極をつなぐと（ショートすると）、そこに大きな電流が流れ、過熱するからだ。

過放電すると、正極や負極の一部が電解液に溶け、劣化するだけでなく、異常な発熱が起こることがある。

また、電池内部に水が入ると、リチウムと激しく反応して、発熱や発火が起こることがある。

これらを防ぐため、安全対策が必要となる。

■材料費と安全対策でコスト増大

先ほども述べたように、リチウムイオン電池が高価なのは、高価な材料を使うだけでなく、安全対策が必要だからだ。その理由を詳しく見てみよう。

まず電池を構成する電極や電解液には、高価な材料が使われている。

電極では、正極の材料がとくに高価だ。構造が特殊な層状化合物であるだけでなく、長らくコバルトが使われてきたからだ。コバルトは、希少元素であり、輸入品に頼らざるを得ないので、その化合物は入手が容易ではない。このため、コバルトを使わないマンガン系などの正極材料の開発が進められ、実用化されている。「リーフ」で使われている正極材料もマンガン系だ。

電解液も高価だ。研究用は、1kgで5万円程度する。溶かす電解質や、導電率と安全性を高める添加物に、特殊な

材料が使われているからだ。

　安全対策は、電池の内部と外部で必要であり、これがコストを増大させる要因になっている。電池内部の安全対策には、内部への水の浸入を防ぐ密閉容器、内部の圧力が上がったときにガスを放出して破裂を防ぐ安全弁などがある。電池外部の安全対策には、電池の残量や、流れる電流を監視して過充電や過放電を防ぐ保護装置や、異常な大電流が流れるのを抑制するPTC素子の設置などがある。

　つまり、電池そのものが高価であるだけでなく、安全性を高める装置を外部に設けなければならないので、これらをまとめたバッテリーユニットが高価になるのだ。

■大きさや形が異なる種類

　リチウムイオン電池には、大きさや形が異なる種類が存

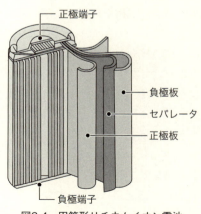

図3-4　円筒形リチウムイオン電池

第3章 電気自動車のしくみ

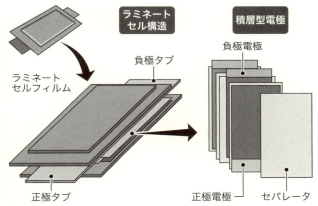

図3-5 ラミネート形リチウムイオン電池（NECラミリオンエナジーの例）

在する。おもな形には、円筒形（図3-4）や角形、ラミネート形（図3-5）がある。いずれも内部に水が入らないように密閉した容器またはラミネートフィルムに入っている。

とくにメジャーなのは、円筒形の「18650」と呼ばれるものだ。

「18650」は、直径18mmで高さ65.0mmというサイズを示している。かつてはノートパソコンにもよく使われていたが、近年は薄形化にともない、より薄いタイプが使われるようになった。

ラミネート形は、円筒形や角形の容器の代わりにラミネートフィルムでセルを包んだタイプで、薄くて軽く、放熱性がよい。「リーフ」などの電気自動車で使われている。

125

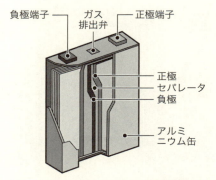

図3-6 リチウムイオン電池の一種「SCiB」。短時間で充電・放電できる

■6分で充電できる電池

数分で充電できるリチウムイオン電池もある。東芝は、

写真3-8 三菱の電気自動車「i-MiEV」(トヨタ博物館)

2005年3月29日に1分間で充電できるリチウムイオン電池を開発したとプレス発表した。これを商品化したのが、第2章で紹介した『SCiB』(図3-6)で、公式サイトには6分間で80％以上充電できると記されている。正極にはマンガン系材料、負極にはチタン酸リチウムが使われている。

「SCiB」は、Super Charge ion Batteryの略だ。安全性が高く、サイクル寿命が長く、短時間で充電・放電ができ、寒冷地でも使えるという特徴がある。このため、ホンダの電動バイクや三菱の電気自動車「i-MiEV（アイミーブ）」(写真3-8) などにも使われている。

3-4 電気自動車の構造と車種

電気自動車には、構造が異なる種類や、車種が存在する。ここでは、構造の種類や、現在国内で販売されている車種について整理しておこう。

■電気自動車には狭義と広義がある？

厳密に言うと、電気自動車の定義は、狭義と広義の2種類がある（図3-7)。現在一般に「電気自動車」と呼ばれるのは、狭義のものである。

狭義は、駆動用バッテリーを電源にしてモーターで駆動する自動車で、バッテリー式電気自動車（Battery Electric Vehicle：BEV）とも呼ばれる。この駆動用バッテリーには一次電池と二次電池の両方がふくまれる。

広義の電気自動車は、電気をエネルギー源として、モー

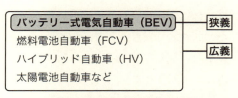

図3-7 電気自動車の狭義と広義

ターで駆動する自動車を指す。第1章で紹介した燃料電池自動車や、太陽電池を搭載したソーラーカー、第5章で紹介するハイブリッド自動車もふくまれる。

ただし現在は、「リーフ」のように、二次電池を搭載したバッテリー式電気自動車のことを一般的に「電気自動車(Electric Vehicle：EV)」と呼ぶ。本書では以後もこの呼び方に従うことにしよう。

■ギアチェンジをする電気自動車もある？

電気自動車の駆動方式、つまりモーターの動力を車輪に伝える方法には、おもに4種類ある（図3-8）。

かつては、コンベンショナル方式の電気自動車が多数存在し、内燃自動車を電気自動車に改造したものは「コンバートEV」と呼ばれた。コンベンショナル方式は、ガソリン自動車のMT車のように、トランスミッションがあり、ギアチェンジをしながら加速するタイプだ。これは、駆動系が複雑になる代わりに、出力が小さいモーターで駆動できるという利点がある。

現在はデフレス方式のうち、モーター1個で2輪を駆動するタイプが主流だ。モーターや制御の技術が発達して、

第3章　電気自動車のしくみ

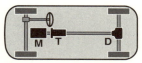
(a) コンベンショナル方式

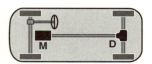
(b) ノートランスミッション方式

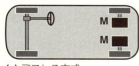
(c) デフレス方式

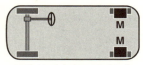
(d) ダイレクトドライブ方式
　　（インホイールモーター）

M：モーター，**T**：トランスミッション，**D**：デフ

図3-8　電気自動車の駆動装置の種類

モーターがギアチェンジなしで全速度領域に対応できるようになったので、トランスミッションが不要になったからだ。

　ダイレクトドライブ方式は、モーターが各車輪を直接駆動するもので、現在一般販売されている電気自動車では使われていない。ただし、インホイールモーターと呼ばれる車輪に内蔵するモーターで実用化する検討は行われている。

■国内で販売されているのはどんな電気自動車か

　日本の電気自動車の保有台数は2011年ごろから急増している。普及地域は、充電スタンドの整備が進む都市部が中心だ。

　2015年9月時点で、日本で乗用車として販売されている量産型電気自動車には、おもに次の5車種がある。記した

写真3-9 テスラの電気自動車「モデルS」(テスラモーターズ)

年は、日本での販売開始年だ。

① 三菱「i-MiEV（アイミーブ）」2009年
② 日産「LEAF（リーフ）」2010年
③ テスラモーターズ「Model S（モデルS）」2014年
④ BMW「i3」2014年
⑤ フォルクスワーゲン「e-up!」2015年

　①の「アイミーブ」は、三菱が開発した軽自動車「i（アイ）」をベースにした電気自動車だ。派生型には、軽トラックや軽バンの「MINICAB-MiEV（ミニキャブミーブ）」がある。

　②の「リーフ」は、すでに説明した通りだ。派生型には、同社の多目的商用バン「NV200」をベースにした「e-NV200」がある。

　③の「モデルS」は、アメリカのテスラモーターズ（テスラ）が開発した電気自動車だ（写真3-9）。車両価格は税

込で870万円以上と高価で、1000万円以上のモデルもある。この5車種の中では異色の高級車だ。

　④と⑤は、ドイツの電気自動車で、「リーフ」と性能やサイズが似ており、よく比較される。④の「i3」はBMW、⑤の「e-up!」はフォルクスワーゲン（VW）が開発した乗用車で、2社にとって初の量産型電気自動車だ。ともに車両重量が「リーフ」よりも軽い。

■富裕層に人気がある「モデルS」

「モデルS」は、富裕層に人気がある。コストダウンよりも、加速性能などのパフォーマンスを重視した乗用車で、従来のスポーツカーとくらべて遜色がない走りを実現しているからだ。

「モデルS」は、驚異的なフル加速が可能だ。標準モデルの「85」は、2輪駆動で、発進から100km/hまで最短5.6秒で到達でき、航続距離が502km（NEDC）だ。ハイパフォーマンスモデルの「P85D」は、4輪駆動で、発進から100km/hまで最短3.3秒で達する。

■ヨーロッパでは普及を推進する国も

　ドイツで「i3」や「e-up!」が開発された背景には、ヨーロッパでの電気自動車の販売台数の増加がある。ヨーロッパでは、近年ノルウェーやオランダを中心に電気自動車の普及を推進する動きがあり、充電の規格や支払い方法などシステムの共通化が進められている。

　北欧のノルウェーは、とくに普及の推進に熱心だ。手厚

い補助金制度に加え、無料で利用できる公共駐車場や充電スタンドの整備を進めている。このため、「リーフ」もノルウェーで販売台数が伸びている。

なお、ここでは輸入電気自動車としてアメリカとドイツの乗用車を紹介したが、中国や韓国などのアジア諸国でも多くの車種の電気自動車が開発されている。

3-5　電気自動車は便利か

電気自動車の購入を考える人にとって、気になるのが使い勝手だ。ここでは、国産の「アイミーブ」や「リーフ」を例に、どのようなときに便利であるかを探ってみよう。

■１回の充電でどれだけ走行できるか

電気自動車でとくに注目されるのは、航続距離、つまり１回の充電でどれだけ走行できるかだ。

現在の国産電気自動車は、ガソリン自動車よりも航続距離が短い。「アイミーブ」は120kmまたは180kmで、「リーフ」は228kmだ（いずれもJC08モード・2015年10月時点）。

この距離は、ロングドライブをする上では、不便に感じる。ただし、用途を通勤や買い物などの近距離移動に限定すれば、この距離はかならずしも短いとは言えない。１日あたりの走行距離が航続距離を超えることがほとんどないからだ。

１日あたりの自動車の平均走行距離は、さまざまな企業や団体が調査している。たとえば、三菱の調査によれば、

日本国内では平日に90％の人が40km未満で、休日は80％の人が60km未満だった（2008年）。神奈川県は、事業者と個人で分けて調査しており、事業者の61％と個人の71％は20km以下、事業者の88％と個人の93％は40km以下だった（2007年）。つまり、1日の平均走行距離が電気自動車の航続距離を超えることはあまりないのだ。

　電気自動車は、自宅などで毎日普通充電することを前提に設計されている。燃料タンクの残量が少なくなったときだけ給油するガソリン自動車とは、エネルギー補給に関する考え方が根本的にちがうのだ。このため、用途を近距離移動に限定し、毎日充電すれば、日常生活の足として十分使えると言える。

■充電にはいくらかかるか

　電気自動車を購入するとなると、ランニングコストが気になる。その大部分は、自宅などで普通充電をするときの電気代となる。

「リーフ」の公式サイトには、1回の普通充電にかかる電気代が「約300円から」と記されている。この電気代は、東京電力の夜間電力料金サービス「おトクなナイト8」に契約して、普通充電で駆動用バッテリーをフル充電した場合の値だ。

　もちろん、実際にはランニングコストだけでなく、車両購入費や、自宅の電気工事などのイニシャルコストがかかる。これらは条件によって変わるので、トータルコストは、電気自動車とガソリン自動車のどちらが安いとは一概

には言えない。

なお、「リーフ」はレンタカーとして人気が高い。あるレンタカー店によれば、充電して返却する必要がなく、走行距離が短ければレンタル料金だけで済む場合が多いので「リーフ」を選ぶ人が多いのだそうだ。

3-6　超小型モビリティ

■増えはじめた小さな電動車両

近年は、「超小型モビリティ」と呼ばれる小型の車両も販売されている（写真3-10）。大きさは、軽自動車とスクーターの中間で、1人または2人乗りの4輪車、または3輪車が主流だ。定義ではエンジンで駆動するものもふくむが、ほとんどがモーターで駆動する電動車両だ。法的には従来の乗用車のカテゴリーには入らないので、「電気自動車」とは別に扱われている。

超小型モビリティは、電気自動車よりも構造がシンプルかつコンパクトで、車両価格が安い。運転操作は容易で、子供でも運転できそうに見えるが、現在の道路交通法上では運転に普通自動車免許が必要だ。

ただし、コストや消費電力を減らすため、最小限の設備しかない。エアコンやパワーウィンドウ、パワーステアリングはない。エアコンもないので、車体は密閉されない構造で、側面にドアがない車種や、あっても窓ガラスがない車種もある。乗用車というよりは、屋根がある電動スクー

第3章 電気自動車のしくみ

写真3-10 超小型モビリティ（自動車技術展2014）

ターだ。

　国土交通省は、運転操作が容易な超小型モビリティを、新たな地域の足にすることを検討している。近年は地方を中心に人口減少や少子高齢化が進み、高齢者の足となるバスなどの公共交通の維持が難しくなったからだ。このため国内の自動車メーカーや、そのグループ会社が、超小型モビリティを開発し、販売している。

■すでに普及している車種も

　超小型モビリティは、すでに一般販売されている。役所の公用車や医療施設の訪問車、カーシェアリングやレンタカーなどとして使われており、導入の実証実験を行う地域も多い。

　導入例が増えたのは、一般の乗用車よりも安価で導入し

写真3-11　トヨタ「i-ROAD」。カーブでは自動で車体を傾けて走る（自動車技術展2014）

やすく、使い勝手がよいからだ。実例として、「coms（コムス）」を紹介しよう。

「コムス」は、トヨタのグループ会社であるトヨタ車体が開発した1人乗りの小型電動車両で、座席後方には荷物が積めるトランクルームがある。大手コンビニチェーンのセブン-イレブンなどの宅配サービスの配送車やゴルフ場のカートとして使われている。

　車両価格は税込約69万円からで、現在は最大7万円の補助金がつくので、200万円を超える電気自動車にくらべれば手頃だ。家庭用コンセント（単相100V）で約6時間で満充電でき、1回の充電で50km程度（JC08類似モード）走行できる。駆動用バッテリーが鉛蓄電池なので、容量が小さく、航続距離は短いが、短距離移動に限定すれば、十

分使える。運転操作が容易で、一般の乗用車よりも狭いスペースに駐車できるのも利点だ。

　スクーターのようにカーブで車体を傾斜する超小型モビリティもある。トヨタの「i-ROAD（アイロード）」だ。後輪1輪が舵を切る3輪車で、カーブでは操舵角や速度に応じて自動で車体傾斜角を変える（写真3-11）。

■**カーシェアリングで広がる可能性**
　近年は超小型モビリティを用いたカーシェアリングの実証実験も行われている。カーシェアリングとは、登録した会員で自動車を共同使用するサービスやシステムのことだ。クルマを所有したときにかかる駐車場代や車検代などの維持費がかからないので、都市部を中心に利用者が増えている。
　たとえば横浜では、日産と横浜市が連携し、2013年10月に超小型モビリティ（日産ニューモビリティコンセプト）を用いたカーシェアリングサービスの実証実験「チョイモビ　ヨコハマ」が始まった。その登録会員数は、受付開始から1ヵ月で2700人を超え、1年弱で1万人を突破した。

第4章 電動自動車の歴史

History

BAKER ELECTRIC
1902, U.S.A.

これまで紹介した燃料電池自動車や電気自動車は、いずれもモーターで駆動するので、電動自動車と呼べる。第5章で紹介するハイブリッド自動車やプラグイン・ハイブリッド自動車も、エンジンを搭載しているが、電動自動車の仲間だ。
　このような電動自動車は、いつ登場し、現在まで発達してきたのか。本章では、その歴史をたどってみよう。

4-1　140年以上前に存在した電気自動車

■登場はガソリン自動車よりも早かった

　電気自動車は、近年普及したので、新しいタイプの自動車というイメージがある。ただ、その歴史をさかのぼると、今から140年以上前に存在し、ガソリン自動車よりも開発が早かったことがわかる。

　電気自動車やガソリン自動車が開発される前には、蒸気機関で駆動する蒸気自動車が存在した。自動車の歴史は、1770年にフランスのニコラ・キュニョーが蒸気自動車を開発したところから始まった。ただし、運転操作が複雑で、煙を出すなどの弱点があったので、のちに電気自動車や、ガソリン自動車、ディーゼル自動車に置き換えられ、姿を消した。

　電気自動車は、開発が比較的容易だったため、ガソリン自動車よりも先に登場した。当時駆動に必要だったモーター（直流モーター）や駆動用バッテリー（鉛蓄電池）は、

第4章　電動自動車の歴史

ガソリンエンジンよりも先に実用化されていた。

電気自動車は、19世紀後半に存在した。世界初の実用的な電気自動車とされるものは複数あり、1873年にイギリスのロバート・ダビッドソンが開発した4輪トラックや、1881年にフランスのギュスターブ・トルーベが開発した3輪自動車、1884年にイギリスのトーマス・パーカーが開発した4輪乗用車などがある。

ガソリン自動車は、このあと開発された。1885年には、第2章で紹介したカール・ベンツが自動3輪車を開発し、ゴットリープ・ダイムラーが自動2輪車を開発し、それぞれ特許を取得した。のちに自動車販売を始めた2人の名前は、ドイツを代表する自動車メーカーの社名やブランド名

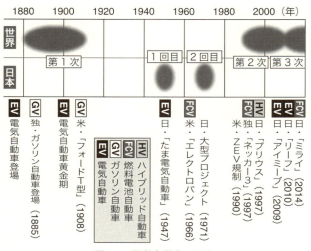

図4-1　電動自動車の歴史

になった。

ディーゼル自動車は、ガソリン自動車のあとに登場した。ガソリン自動車やディーゼル自動車などの内燃機関で駆動する自動車は、内燃自動車とも呼ばれる。

電気自動車と内燃自動車には、不思議な関係がある。電気自動車は、内燃自動車の発達で衰退し、内燃自動車の排気ガスなどが問題になると復活した。この流れがおもに2回繰り返されたので、自動車の歴史には、電気自動車が注目された3つのブームが存在する（図4-1）。

本章では、これらのブームを象徴する自動車を紹介しながら、電気自動車の歴史をかんたんにたどって行こう。

4-2　第1次ブーム・電気自動車の黄金期

■ハイブリッド自動車も19世紀に存在した

電気自動車の第1次ブームは、1880年代から1910年代にかけて起きた。当時は内燃自動車の発達が未熟で、電気自動車は蒸気自動車に代わる存在として注目された。

まずはヨーロッパにおける第1次ブームの出来事をざっと見てみよう。

1880年代からは、イギリスやフランス、ドイツのメーカーが電気自動車を開発し、販売し始めた。電気自動車は都市部を中心に台数が増え、1889年にはイギリスのロンドンで電気バスも走りはじめた。

1898年には、オーストリア人のフェルディナント・ポル

第4章　電動自動車の歴史

写真4-1　ポルシェが開発した「ローナー・ポルシェ」。インホイールモーターで駆動した（写真：IMAGNO／アフロ）

シェが、ローナー社で電気自動車「ローナー・ポルシェ」を開発した（写真4-1）。ポルシェは、「ビートル」などの名車の生みの親として知られる自動車技術者だ。この電気自動車は、車輪に内蔵したモーターで車輪を駆動するインホイールモーター駆動を採用した。現在も本格的に実用化されていない技術を、当時すでに導入していたのだ。

1899年には、フランスで「ジャメ・コンタント」が自動車史上で初めて100km/hを超える速度を出し、105.9km/hを記録した（写真4-2）。これは、ベルギー人のカミーユ・ジェナッツィが開発した電気自動車だった。

1900年には、早くもハイブリッド自動車が登場した。前述したローナー社が開発した「ローナー・ポルシェ・ミクステ」は、ガソリン発電機を載せた2人乗り電気自動車

写真4-2 ジェナッツィが開発した電気自動車「ジャメ・コンタント」。世界で初めて100km/hを超えた自動車(写真:The Bridgeman Art Library／アフロ)

で、従来の電気自動車よりも長い距離を走行できた。

　こう見ると、今から110年以上前に、インホイールモーター駆動やハイブリッド化など、先駆的な試みがすでに電気自動車でされていたことがわかる。

　ヨーロッパでは、電気自動車と並行してガソリン自動車の開発も行われ、1891年にはフランスでガソリン自動車の根幹をなす基本システム(システム・パナール)が開発された。これがきっかけとなり、ヨーロッパではガソリン自動車が増え始めた。ただし高価で、購入できる人が限られ、庶民には高嶺の花だった。

第4章 電動自動車の歴史

■ニューヨークのタクシーはすべて電気自動車だった?

いっぽうアメリカでは、1890年代から1910年ごろまで電気自動車が多数製造された。これがアメリカにおける電気自動車の黄金時代だ。

アメリカで電気自動車が発達した理由は、おもに2つある。1つ目は、ジョージ・セルデンという人物が1895年にアメリカで取得したガソリン自動車の特許があり、彼にロイヤルティを支払わないとガソリン自動車を製造できなかったこと。2つ目は、運転操作が容易な上に、煙や大きな音を出さなかったので、都市部を中心に人気を博したことだ。

当時アメリカで普及した電気自動車の1つが「ベイカー・エレクトリック」だ(写真4-3)。これは、搭載した鉛蓄電池の電気で1馬力のモーターを回し、チェーンを使っ

写真4-3 アメリカで開発された電気自動車「ベイカー・エレクトリック」。操作が容易で好評だった(トヨタ博物館)

て動力を車軸に伝え、駆動するもので、平坦路では40km/hでの走行が可能だった。手でコントロールレバーを操作すると、モーターの制御回路を4段階(停止・発進・低速・高速)で切り換えることができた。

電気自動車は、アメリカの都市部を中心に普及し、主要都市ではタクシーに大量に投入された。とくにニューヨークでは早く普及し、一時期はすべてのタクシーが電気自動車になったとされる。

1900年には、世界の電気自動車保有台数が約4000台となり、自動車生産台数における約40%を電気自動車が占めるに至った。

■**フォードT型登場と電気自動車の衰退**

電気自動車の黄金期は、1910年あたりに終わりを告げた。「フォードT型」(写真4-4)が一般販売されたのを機に、ガソリン自動車の台数が急速に増えたからだ。

「フォードT型」は、アメリカの自動車メーカー・フォードが開発したガソリン自動車で、性能が良いだけでなく、車両価格が庶民の手が届くレベルまで下がった点が画期的だった。コストダウンは、当時珍しかった自動車の大量生産システムの確立によって実現した。

「フォードT型」は、1908年の販売開始から人気を博し、1927年までに1500万台生産された。以降アメリカでは、モータリゼーションが急速に進んだ。

ガソリン自動車はその後も発達し、世界に広がった。また、ドイツでディーゼルエンジンが考案され、ディーゼル

第4章　電動自動車の歴史

写真4-4　アメリカのガソリン自動車「フォードT型」。自動車大衆化のきっかけになったとされる（トヨタ博物館）

自動車が発達すると、内燃自動車全体の台数が増え、自動車の主流は内燃自動車に移った。

いっぽう電気自動車は、モーターもバッテリーも長らく大きな進化は起こらず、内燃自動車に押されて急速に衰退し、姿を消した。

 4-3　日本と電気自動車

日本の電気自動車の歴史は、第1次ブームの最盛期から始まった。国内を最初に走った電気自動車は、1898年にアメリカから輸入したものだった。その後日本は、アメリカなどから技術を学び、電気自動車の国産化を果たした。

日本で電気自動車が注目された時期は、世界的な2つの

147

ブームの他に、第1次ブームから第2次ブームの間に2回ある。それぞれ見てみよう。

■きっかけは石油燃料不足

1回目は、第二次大戦後の石油燃料不足がきっかけだった。戦前から石油燃料の統制が続いた上に、戦時中に国内の石油精製業が大きな被害を受け、復旧が制限されたため、日本は深刻な石油燃料不足に陥った。

そこで、電気自動車が注目された。石油燃料を消費するエンジンがないし、需要が低下する深夜の電力を有効利用して充電できるからだ。

電気自動車の台数は、戦後しばらく増加した。終戦から4年後の1949年には、国内の電気自動車は3299台に達し、国内の自動車保有台数の約3％を占めるに至った。

このとき開発された国産電気自動車の代表例に、「たま電気自動車」がある（写真4-5）。1947年に登場した4人乗りの2ドアセダンで、最高速度は35km/h。駆動用バッテリーは鉛蓄電池で、1充電走行距離は65kmだった。製造したのは、終戦を機に自動車メーカーに転身した飛行機メーカー（立川飛行機）で、のちにプリンス自動車を経て、現在の日産に受け継がれた。

電気自動車は、1950年代から衰退の一途をたどり、街から消えた。1950年には、朝鮮戦争が勃発し、鉛蓄電池に使う鉛の価格が高騰して、それが電気自動車の製造コストをつり上げた。1952年には、石油燃料の統制が撤廃され、ガソリンスタンドの整備が進み、内燃自動車が急速に増え

第4章 電動自動車の歴史

写真4-5 「たま電気自動車」。石油燃料が不足した1947年に開発された(写真:日産自動車)

た。1963年には、道路運送車両法から電気自動車の項目が削除された。

■次のきっかけは大気汚染

　2回目は、高度経済成長期の大気汚染がきっかけだった。当時は大気汚染が光化学スモッグなどを引き起こして社会問題となり、内燃自動車の排気ガスがその一因として問題視されたためだ。

　消えたはずの電気自動車は、排気ガスを出さない自動車として再び脚光を浴びた。1965年には、中断されていた電気自動車の開発が再開された。1970年には、275台の国産電気自動車が、日本万国博覧会(大阪万博)の遊覧車として走った。

　国内での電気自動車の開発は、その後加速した。1970年にアメリカで「マスキー法」が制定され、日本の自動車産業も、排気ガスを出さない自動車を開発する必要に迫られ

たからだ。「マスキー法」は、大気汚染防止を目的とした法律の改正法の通称で、自動車の排気ガス規制を義務づけた。

日本の政府は、1971年に電気自動車の開発を推進するプロジェクトを立ち上げた。このプロジェクトは、「大型プロジェクト」と呼ばれる国家プロジェクトの一環で、産官学の研究者や技術者が1000名以上集まり、自動車や電機、電池のメーカーも参画した。

しかし、開発はその後失速し、プロジェクトは1976年に終了した。内燃自動車の排気ガスを浄化する技術や、石油燃料から硫黄を除去する脱硫技術が進歩し、電気自動車の必要性が低くなったからだ。電気自動車も、台数が年々増えるまでには至らなかった。

4-4　第2次ブーム・ZEV法と電気自動車

■**カリフォルニア州のきびしい自動車規制**

ここで日本から世界の電気自動車の歴史に戻ろう。

第2次ブームは、「ZEV（ゼブ）法」の制定とともに起こった。「ZEV法」とは、1990年にアメリカのカリフォルニア州で制定された法律だ。当時の同州では、大気汚染が深刻化し、それによる健康被害が報告されていた。そこで、大気汚染の一因になる自動車の排気ガスを削減することを目的に、自動車メーカー各社にZEV規制、つまり販売台数の一定割合をZEV（Zero Emission Vehicle：無公

害車）にすることを義務づけた。

　ところが、肝心のZEVは、まだ実用化されていなかった。ZEVは、排気ガスを出さない自動車で、電気自動車と燃料電池自動車がその第一候補とされていたが、それらは開発途上だった。現在駆動用バッテリーに使われているニッケル水素電池やリチウムイオン電池も、量産化されていなかった。

■映画にもなったアメリカの電気自動車の失敗

「ZEV法」は、自動車メーカー各社が、電気自動車と燃料電池自動車の開発を推進するきっかけになったが、それに反発する動きもあった。

　ZEVが増えると、大気汚染の問題が緩和する代わりに困る人がいる。たとえば自動車メーカーは、これまで内燃自動車の心臓部であるエンジンの開発に多額の投資をしてきたので、ZEVが普及すると、開発費が回収しにくくなる。石油会社は、ZEVが普及すると、大きな収入源である石油燃料の販売量が減ってしまう。

　それゆえ、「ZEV法」に反発する動きは大きく、ついには販売したばかりの電気自動車を回収するまでに至った。

　たとえば、アメリカ最大の自動車メーカーであるゼネラル・モーターズ（以下GM）は、本格的な電気自動車「EV1」（写真4-6）を開発し、1996年からリースで販売した。「EV1」は、２人乗りのクーペで、静かに走ると評判だった。ところがGMは、ある日突然、販売した「EV1」の全車を自主回収し、スクラップにした。

写真4-6 アメリカのGMが開発した電気自動車「EV1」。リース販売されたが、のちに全車回収された（写真：ロイター／アフロ）

この不可解な出来事は、ドキュメンタリー映画にもなった。アメリカの映画館で上映された「誰が電気自動車を殺したか？（原題：*Who Killed the Electric Car?*）」だ。

この映画の主題は、GMが自主回収した理由だ。紹介された理由は、前述した「ZEV法」に反発する動きだけでなく、複数ある。「EV1」が高コストで、GMにとって販売する利点が少なかったことや、1回の充電で走行できる距離が短く、冬に電気暖房で消費電力が上がってさらに短くなるなど、使い勝手に課題があったことにもふれている。

結果的にカリフォルニア州は、自動車メーカーなどの反発を受けてZEV規制を見直した。それ以降、アメリカでの電気自動車の開発は下火となった。

■燃料電池自動車開発はアメリカで始まった

次に、燃料電池自動車の歴史を見てみよう。燃料電池自動車は、燃料を搭載するので、電気自動車よりも航続距離が長いZEVとしても注目された。

燃料電池自動車は、電気自動車よりも歴史が浅い。アメリカで検討が始まったのは、第二次大戦後だ。また、燃料電池自動車が検討された当初の目的は、環境対策というよりは、技術革新だった。

燃料電池そのものの開発は、アメリカよりも先にイギリスで始まった。1801年には、化学者のハンフリー・デービーがその原理を発見し、1839年には、物理学者のウィリアム・グローブが水素と酸素で発電する実験に成功し、現在の燃料電池の原型をつくったとされる。また、フランシス・ベーコンは、燃料電池の実用化の検討を1932年に始め、1959年に5kWの試作燃料電池を公開した。

燃料電池の技術は、イギリスからアメリカに広がり、ベーコンが開発した燃料電池は、アメリカの宇宙開発に影響を与えた。燃料電池は、1965年にアメリカの有人宇宙船「ジェミニ5号」に電源として搭載され、その存在が広く知られるようになった。

燃料電池を搭載した自動車は、「ジェミニ5号」よりも少し早く、1959年にアメリカのアリス・チャルマーズ社が開発した。これは、農業用トラクターに燃料電池を搭載したもので、世界初の燃料電池自動車と言われている。

その後の燃料電池自動車の開発は、おもにGMがリード

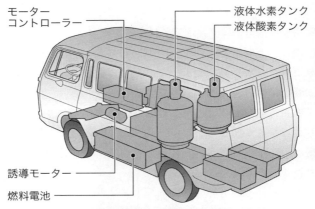

図4-2 GMが1966年に開発した燃料電池自動車「シボレー・エレクトロバン」。車内に搭載した機器が多く、座席は2席だった

した。1966年には、GMが公道を走行する燃料電池自動車「Chevrolet Electrovan（シボレー・エレクトロバン）」（図4-2）を発表した。これは、固体高分子形燃料電池を搭載した箱型のバンだった。

しかし、その後GMでの開発は下火になった。燃料電池自動車の優位性が、社会に認められなかったからだ。当時の燃料電池はコストが高い上に性能が低く、実用レベルに達していなかった。

■ドイツが燃料電池自動車で世界を驚かす

アメリカに次いで着手したのは、ドイツだった。とくに開発をリードしたのは、ダイムラー・ベンツ（現ダイムラー）だ。

ダイムラー・ベンツは、燃料電池の高性能化をきっかけにして、1980年代後半に開発を本格化させた。1987年には、カナダのバラード・パワー・システムズ（以下バラード）が、高性能な固体高分子形燃料電池を開発していた。

1994年には、乗用車「NECAR1（ネッカーワン）」を発表した。これは、バラードの燃料電池を搭載した箱型のバンで、大柄なボディの内部では、燃料電池関連の機器が前部座席以外のほとんどの空間を占めていた。これは新しい技術を提案するコンセプトカーではなく、燃料電池が乗用車に使えることを実証する目的があった。

その後改良を重ね、1997年3月に乗用車「NECAR3」を開発した（図4-3）。これは、「NECAR1」よりも小柄なコンパクトカーだ。また、世界で初めてメタノール改質形燃料電池を搭載した自動車で、燃料となるメタノールを改質器に通し、水素を得る構造だった。最高速度は120km/h、航続距離は400kmで、乗用車として実用レベルに達していた。

その後ダイムラー・ベンツが発表したことは、世界の自動車業界やエネルギー業界を驚かせた。1997年12月に、前述の「NECAR3」の実証結果をもとに、「燃料電池自動車を2004年に4万台、2007年に10万台生産する」と発表したのだ。当時は、アメリカのカリフォルニア州でZEVが求められたので、燃料電池自動車の量産化を示したインパクトは大きかった。

また、乗用車だけでなく、大型車にも燃料電池を搭載する検討を行い、1997年には、燃料電池バス「NEBUS（ニ

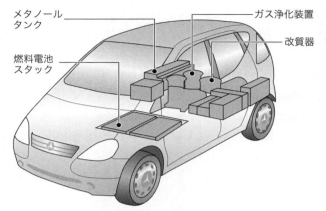

図4-3 燃料電池自動車「NECAR3」。ダイムラー・ベンツはこの発表後、量産計画を発表して世界を驚かせた

ーバス)」を発表した。

■開発プロジェクトが立ち上がる

ダイムラー・ベンツの量産計画の発表は、アメリカや日本の自動車業界に影響を与え、燃料電池自動車の開発プロジェクトが立ち上がるきっかけにもなった。

アメリカでは、1999年に「カリフォルニア燃料電池パートナーシップ(CaFCP)」と呼ばれる組織が結成され、燃料電池自動車の開発が加速した。これには、アメリカだけでなく、ドイツや日本の自動車メーカーなども参加した。

日本では、CaFCPをモデルとして、2002年に「水素・燃料電池実証プロジェクト(JHFC)」と呼ばれる開発プロジェクトが立ち上がった。JHFCでは、日本・アメリ

カ・ドイツの自動車メーカーが開発した燃料電池自動車だけでなく、水素ステーションや水素製造装置の実証試験も行われた。

JHFCに参加した車両には、トヨタと日野自動車が共同で開発した燃料電池バス「FCHV-BUS」もあった。このバスは、2005年に愛知万博の会場で来場者を乗せて走行し（写真4-7）、のちに中部国際空港などで使われた。

いっぽうヨーロッパでも、EU諸国による開発プロジェクトが立ち上がったが、目立った成果を出すには至っていない。

■独・米・日が次々と試作車を開発

燃料電池を搭載した試作車は、「NECAR3」の発表以降、アメリカ・ドイツ・日本で次々と開発された。

GMは、アメリカでの開発をふたたびリードした。開発は、世界初の燃料電池自動車の発表後に一時凍結して、ダイムラー・ベンツよりも出遅れたので、ドイツにある子会社・オペルと連携して開発を再開、加速させた。

GMとオペルは、1998年と2000年に試作車を発表した。1998年の試作車は、「NECAR3」と同じメタノール改質形燃料電池自動車だった。2000年の試作車は、液体水素を搭載したもので、「HYDROGEN1（ハイドロジェンワン）」と名付けられた。「HYDROGEN」は水素だ。

GMは、燃料電池の種類や水素貯蔵方法を複数試みた。燃料電池では、メタノール改質形だけでなく、ガソリンから水素を取り出すガソリン改質形も試みた。水素貯蔵方法

写真4-7 トヨタと日野が共同開発した燃料電池バス「FCHV-BUS」。2005年に愛知万博会場で来場者を乗せて走行した

は、液体水素だけでなく、水素吸蔵合金をタンクに入れる方法も試みた。これらは実用化には至らなかったが、既存の給油インフラを生かせるガソリン改質形を試みた点は興味深い。

アメリカでは、GMのほかにフォードなども燃料電池自動車を開発した。

いっぽうドイツでは、ダイムラー・ベンツのほかに、フォルクスワーゲン（VW）なども燃料電池自動車を開発した。1998年にダイムラー・ベンツを引き継いだダイムラー・クライスラーは、2002年に世界初の量産型燃料電池自動車「F-Cell（エフセル）」を発表し、ドイツや日本、アメリカ、シンガポールで実用試験を実施した。

日本は、開発でアメリカやドイツよりも出遅れた。た

第4章 電動自動車の歴史

写真4-8 ホンダの燃料電池自動車「FCXクラリティ(日本仕様)」(写真:本田技研工業)

だ、トヨタは、1992年に燃料電池自動車の開発に着手し、「NECAR3」が登場する前年の1996年に試作車を開発した。その後は、日産やホンダ、三菱、マツダ、ダイハツも開発に着手し、試作車を発表した。

2002年からは、日米で世界初の燃料電池自動車のリース販売が始まった。このとき販売されたのは、トヨタのSUV「FCHV」とホンダのハッチバック「FCX」だ。

日本では、その後も次々と燃料電池自動車が登場し、リース販売された。2004年には日産が「X-TRAIL FCV」を、2008年にはトヨタが「FCHV」の改良型「FCHV-adv」を、同年にホンダが「FCX CLARITY(クラリティ)」を(写真4-8)発表し、リース販売した。

■ZEV技術のイノベーション

 ここで第2次ブームの話にもどろう。

 第2次ブームでは、開発が加速したことで、ZEV技術のイノベーションが起きた。とくに新しいタイプのモーターや制御、駆動用バッテリーが自動車に搭載できるようになったことは、のちの電動自動車に大きな影響を与えた。

 まずモーターが大きく変わり、直流モーターから交流モーターに移った。交流モーターが発達しただけでなく、それを制御する技術が確立されたからだ。

 直流モーターと交流モーターには、それぞれ一長一短がある。直流モーターは、制御が容易で、長らく電気自動車で使われていたが、ステーター(固定子)からローター(回転子)に電気を送る整流子があり、故障しやすかった。いっぽう交流モーターは、整流子がなく、メンテナンスが容易だが、その制御は長らく難しいとされた。パワー半導体を用いた制御装置が開発されると、交流モーターの制御が可能になった。

 自動車に交流モーターの搭載が可能になったのは、制御技術が発達しただけでなく、大出力の交流モーターの小型軽量化が実現したからだ。とくに乗用車は、部品の容積や重量の制約が多く、小型軽量のモーターが必要だった。

 現在電動自動車でおもに使われる永久磁石形同期モーターは、交流モーターの1種で、この時期に自動車向けに開発された。それに欠かせないネオジム磁石は、GMと住友特殊金属(現・日立金属)が、1980年代に共同で開発し

た。

　駆動用バッテリーは、鉛蓄電池から、より容量が大きいニッケル水素電池やリチウムイオン電池へと移った。ニッケル水素電池やリチウムイオン電池は、1990年代初頭に日本で量産化された。

　回生ブレーキは、電動化や制御技術の発達によって、この時期に実用化された。そのことは、電動自動車のエネルギー効率を高め、燃料電池自動車やハイブリッド自動車の燃料消費量を減らし、電気自動車の航続距離を延ばすことにつながった。

■「プリウス」が電動自動車開発の弾みに

　日本では、これらのZEVの技術を生かしたハイブリッド自動車が登場した。エンジンとモーターの両方で駆動し、燃費向上や排気ガス削減を実現した自動車だ。

　1997年には、トヨタが「PRIUS（プリウス）」の販売を開始した（写真4-9）。ハイブリッド自動車の中では、世界で最初に一般販売された乗用車だ。

「プリウス」は、完全なZEVではないが、燃費がよく、環境性能が高い乗用車として注目された。また、使い勝手がガソリン自動車と変わらず、燃料であるガソリンは既存のガソリンスタンドで給油できるので、電気自動車や燃料電池自動車のように新たなインフラ整備を待つことなく、普及できた。

「プリウス」は、国内のみならず海外でも販売された。2代目以降は、ボディが大柄になったこともあり、北米でも

写真4-9 トヨタの初代「プリウス」。量産型乗用車では世界初のハイブリッド自動車で、1997年に販売開始された(トヨタ自動車提供)

ヒットし、カリフォルニア州でも販売台数を伸ばした。ZEV規制が緩和され、ハイブリッド自動車もZEVと同じように扱われたからだ。

　ハイブリッド自動車の量産化は、電気自動車や燃料電池自動車の開発にも弾みをつけた。ハイブリッド自動車には、電気自動車や燃料電池自動車の量産化の鍵となる技術が詰まっているし、その量産化が進むことで、部品のコストダウンが実現するからだ。

　トヨタ・テクニカル・レビュー(2015年3月発行)には、トヨタがハイブリッド技術を、各種次世代車にも共通して利用可能な「コア技術」として考えていると記されている(図4-4)。たとえば、ハイブリッド自動車からエンジンを外せば電気自動車になるし、それに燃料電池を追加す

第4章 電動自動車の歴史

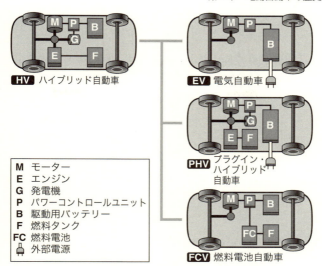

図4-4 ハイブリッド自動車から派生する次世代自動車（トヨタの例）

れば、燃料電池自動車になる。また、ハイブリッド自動車の駆動用バッテリーを外部から充電できるようにすれば、プラグイン・ハイブリッド自動車と呼ばれる新しいタイプの自動車をつくることもできる。このような原点となるハイブリッド自動車を量産化できたことは、電動自動車全体にとっても、大きな出来事だった。

■世界初のハイブリッド自動車はバスだった

ここまで乗用車の話をしたが、世界で最初に販売されたハイブリッド自動車は、乗用車ではなくバスである。「プリウス」の一般販売が始まる6年前の1991年には、日野自

動車が、大型路線ハイブリッドバスの販売を始めていた。

このバスは、ディーゼルエンジンとモーターの両方を使って駆動するディーゼルハイブリッド自動車で、駆動用バッテリーは鉛蓄電池だった。

なぜハイブリッド自動車の実用化は、乗用車よりもバスのほうが先だったのか。それは、モーターの導入や、大型の二次電池の搭載が、バスなどの大型車のほうが構造的に容易だったからだ。

大型車には、乗用車にはないリターダがあり、これをモーターに置き換えることでハイブリッド化できた。リターダは、長い下り坂などで使う補助ブレーキとして機能するが、これをモーターに置き換え、回生ブレーキを使えるようにすることで、補助ブレーキの機能を維持しながらハイブリッド化できたのだ。

また、大型車は乗用車よりも大柄で、部品の体積や重量の制約が乗用車よりも緩やかなので、大容量の鉛蓄電池を搭載しやすかった。つまり、「プリウス」のように、部品が増えたパワートレインをボディに収める工夫をしたり、高性能なニッケル水素電池の開発を待ったりする必要がなかったのだ。

■なぜ開発で日本がリードしたか

現在、ハイブリッド自動車の開発では、日本が欧米よりリードする状況にある。それは、日本の自動車メーカーに技術力があっただけでなく、日本の道路状況が、欧米と根本的に異なっていたからでもある。

ハイブリッド自動車は、発進と停止を繰り返す場合にその効果を発揮しやすい。回生ブレーキで減速し、エネルギー回収をする機会が多くなるからだ。

　欧米の道路は、日本の道路とくらべて信号機がある交差点が少なく、自動車は高速走行をすることが多い。つまり、ハイブリッド自動車が効果を発揮しにくく、燃費向上につながりにくい。

　このため欧米の自動車メーカーは、ハイブリッド自動車の開発に慎重で、燃料電池自動車や電気自動車が実用化するまでの中継ぎととらえていた。また、「プリウス」はガソリン自動車をハイブリッド化して燃費向上を図ったが、ヨーロッパでは、ガソリン自動車よりも燃費がよいディーゼル自動車が、乗用車として人気があった。

　ところが「プリウス」の一般販売が始まり、販売台数を伸ばすと、自動車業界にも変化が起きた。日本のトヨタ以外の自動車メーカーだけでなく、欧米の自動車メーカーもハイブリッド自動車の有効性を認め、販売するようになった。また、ハイブリッド自動車に対抗して、低燃費化したガソリン自動車も多く販売されるようになった。

「プリウス」の登場は、トヨタという企業の転換点とも言われる。トヨタは、1990年代前半に、組織が肥大化して硬直し、「石橋を叩いても渡らない」と比喩されるほど慎重な企業風土があった。それを変えたことが、「プリウス」のような先進的な乗用車を開発するきっかけになったとされる。

4-5 第3次ブーム・量産化と普及へ

■量産化を支えたハイブリッド化と電池の技術

　第3次ブームは、大容量のリチウムイオン電池を搭載した量産電気自動車の一般販売の開始によって始まり、現在まで続いている。

　この量産電気自動車の嚆矢となったのが、2009年に一般販売を開始した三菱「アイミーブ」と、2010年に一般販売を開始した日産「リーフ」だ。これらの乗用車の量産化は、ハイブリッド自動車やリチウムイオン電池の発達で可能になった。ハイブリッド自動車で培われた技術は、モーターや制御などに使われた。リチウムイオン電池は、ハイブリッド自動車で使われたニッケル水素電池よりも大容量化が容易で、発達によって自動車への搭載が可能になった。

　電気自動車の範囲は、乗用車にとどまらず、バスにも及んだ。鉛蓄電池を搭載した電気バスは、100年以上前から存在するが、今ではリチウムイオン電池を搭載した電気バスが開発され、すでに国内外の一部地域で営業運行している。

■燃料電池自動車も量産化

　いっぽう燃料電池自動車でも、量産型乗用車が一般販売されるようになった。その先駆けとなったのが、第1章で紹介した「ミライ」で、2014年12月から販売が始まった。

　ホンダや日産は、2016年1月時点では、まだ量産型乗用

車の一般販売をしていないが、近年も燃料電池自動車を発表している。日産は、2012年にSUVコンセプト「TeRRA(テラ)」、ホンダは、2014年にコンセプトカー「FCV CONCEPT(コンセプト)」、2015年に市販予定車「CLARITY FUEL CELL(クラリティ フューエル セル)」を発表した。

■自動車メーカー同士が連携する動き

　燃料電池自動車の開発では、先に紹介したプロジェクトのように、各国の自動車メーカーが協力し合う動きがもともとあったが、近年は企業の枠を超えた技術提携が行われている。技術的ハードルが電気自動車よりも高く、自動車メーカー1社が単独で進めるのが難しいからだ。

　自動車メーカー同士の技術提携は、国を超えて行われている。2011年には、フランスのルノーと日産アライアンス、ダイムラーが共同開発で合意し、2013年にはこれにフォードが加入した。また、2013年には、トヨタとBMW、そしてホンダとGMがそれぞれ技術提携した。

　燃料電池自動車の普及には、水素充塡インフラを整備するエネルギー会社の協力も欠かせないので、自動車メーカーとエネルギー会社が協力する動きもある。

　その動きの一例に、トヨタの特許公開がある。トヨタは、「ミライ」販売開始直後の2015年1月6日に、燃料電池関連の特許（約5680件）の実施権を無償で提供すると発表した。自動車メーカーが、特許に関してこのような対応をするのは、きわめて異例だ。同社は同日のプレスリリースで、「FCV導入初期段階においては普及を優先し、開

発・市場導入を進める自動車メーカーや水素ステーション整備を進めるエネルギー会社などと協調した取り組みが重要であるとの考えに基づくもの」と記している。

■**開発における日本の立ち位置は？**

では、電気自動車や燃料電池自動車の開発で、日本はどのような立ち位置にいるのだろうか。これについてはさまざまな見方があり、一概には言えない。

まず、電気自動車の開発では、近年中国や韓国が力をつけており、予断を許さない状況にある。電気自動車やリチウムイオン電池の開発では日本よりも後発だが、自動車メーカーや電池メーカーが、電気自動車やリチウムイオン電池の生産数を伸ばしている。

リチウムイオン電池の開発は、かつては日本のお家芸と呼ばれたが、今はそうとは言えない。かつては日本が世界の生産量のシェアをほぼ独占していたが、今は中国や韓国が日本製よりも低価格のリチウムイオン電池を販売し、生産量を増やしている。筆者は、2015年3月に東京で開催された自動車産業シンポジウムで、電池の専門家がこの状況を「日本はコテンパンにやられた」と語っていたのを聞いたことがある。

なお、国産の電気自動車では、国産のリチウムイオン電池が使われているが、第3章で紹介したBMWの「i3」では、韓国製のリチウムイオン電池が採用された。

いっぽう、燃料電池自動車の開発の状況は微妙だ。

日本では、日本が世界をリードしているとよく報道され

ている。その根拠は、燃料電池関連の特許出願数の多さだ。日本は6万5000件以上と2位のアメリカ(3万件)を大きく引き離してトップであり、世界全体の6割を占めている。

　ただし、アメリカやドイツの自動車メーカーは、かつては燃料電池自動車の開発で世界をリードしたのに、現在は日本の自動車メーカーほど開発に力を入れていない。ドイツには、BMWのように、水素自動車やクリーンディーゼル自動車の開発に力を入れる自動車メーカーもある。

　このため、燃料電池自動車が携帯電話のようにガラパゴス化すると懸念する意見もある。もし普及が日本だけに留まり、海外に広がらなかったら、世界的に孤立した技術になってしまうからだ。

■プラグイン・ハイブリッド自動車の登場

　近年は、電動自動車に新しい仲間が増えた。エンジンを搭載しながら、電気自動車のように充電できる自動車で、日本では、「プラグイン・ハイブリッド自動車(Plug-in Hybrid Vehicle：PHV)」または「プラグイン・ハイブリッド電気自動車(Plug-in Hybrid Electric Vehicle：PHEV)」などと呼ばれる。本書ではプラグイン・ハイブリッド自動車と呼ぼう。

　プラグイン・ハイブリッド自動車は、ハイブリッド自動車を基準に考えると、限りなく電気自動車に近いハイブリッド自動車だ。エンジンと駆動用バッテリーを搭載しながらも、電気自動車のように充電スタンドなどで充電でき

る。

　駆動用バッテリーは、ニッケル水素電池ではなく、電気自動車と同じリチウムイオン電池だ。容量はハイブリッド自動車よりも大きいので、近距離ならば電気自動車として走ることができる。ただし、駆動用バッテリーが高価なので、車両価格はハイブリッド自動車よりも高い。たとえば、トヨタ「プリウスPHV」は約295万円から、三菱「アウトランダーPHEV」は459万円からだ（いずれも2016年1月時点の税込価格）。

　なぜわざわざこのような高価な自動車を開発し、販売することになったのか。その背景には、アメリカのカリフォルニア州の新たな自動車規制が関係している。

　カリフォルニア州の大気資源局は、2011年12月に2018年モデルからハイブリッド自動車を環境対策車から除外することを発表した。ただし、プラグイン・ハイブリッド自動車は除外されなかったので、自動車メーカーは、プラグイン・ハイブリッド自動車の開発に力を入れるようになった。

　電動自動車の種類は、今はプラグイン・ハイブリッド自動車をふくめて4種類になったが、どの種類が今後どの程度まで普及するかを予想するのは難しい。ただ、電動自動車全体の台数は近年増加傾向にあるので、その傾向が今後も続くと考えられている。

第5章 ハイブリッド自動車のしくみ

Hybrid Vehicle : HV

TOYOTA PRIUS
Third Generation

5-1 「プリウス」を運転する

■ハイブリッド乗用車の先駆的存在

　第3章の電気自動車に続き、これまでたびたび出てきたハイブリッド自動車（Hybrid Vehicle：HV、またはHybrid Electric Vehicle：HEV）を試乗してみよう。第4章でも述べたように、ハイブリッド自動車には、燃料電池自動車や電気自動車の実現に欠かせない技術が詰まっているからだ。

　これから試乗するのは、トヨタが開発した「PRIUS（プリウス）」の3代目だ（写真5-1）。第4章でも紹介したように、世界で最初に量産型乗用車として一般販売されたハイブリッド自動車だ。1997年の販売開始以来、現在に至るまで、20年近く販売されており、ハイブリッド自動車の代表的車種として知られている。街でよく見かけるし、所有している人や、運転を体験した人もいるだろう。

　ハイブリッド自動車は、一般的にエンジン駆動とモーター駆動の2つのシステムを混成（hybrid）させた自動車を指す。ガソリン自動車とくらべると、燃費がよく、環境に有害とされる物質の排出量が少ないという特長がある。

　ハイブリッド自動車には、第4章でも述べたように乗用車のほかに、バスやトラックがある。本章ではおもにガソリンエンジンを搭載した乗用車を紹介し、ディーゼルエンジンを搭載したバスやトラックについてもふれる。

第5章　ハイブリッド自動車のしくみ

写真5-1　本章で試乗するトヨタのハイブリッド自動車「プリウス（3代目）」（写真：トヨタ自動車）

写真5-2　2015年12月に一般販売が始まった「プリウス（4代目）」（MEGA WEB）

ハイブリッド自動車の乗用車は、現在国内外の複数の自動車メーカーが販売しており、国内ではトヨタ以外にホンダ

などが販売している。その先駆けになったのが、冒頭で紹介した「プリウス」だ。名前の由来は、「〜に先駆けて」や「〜に先立って」という意味のラテン語だ。その意味の通り、ハイブリッド乗用車の先駆的存在だ。
「プリウス」は、これまでフルモデルチェンジが3回あり、それを境に初代、2代目、3代目、4代目と呼ばれる。初代はコンパクトな5ナンバーのセダンだったが、2代目以降は大柄な3ナンバーのハッチバックとなった。2015年12月には、4代目(写真5-2)の一般販売が始まった。

 2代目は、2007年のアカデミー賞授賞式で使われたことで話題になった。その会場では、一部のハリウッドスターが大柄のリムジンではなく、「プリウス」に乗って現れ、環境対策の重要性をアピールした。

 4代目は販売開始になったばかりなので、今回はレンタカーですぐに利用できる3代目を試乗しよう。

 まずはその前に立ち、観察してみよう。ハイブリッド自動車ならではの構造の特徴は見つけにくいが、後方を見ると、床下にマフラーと排気口がある。ガソリン自動車と同じだ。燃料電池自動車や電気自動車とちがい、エンジンがあるからだ。

■**起動でエンジンが始動することも**

 ドアを開けて、運転席に座ってみよう。その瞬間、ある特徴に気付くだろう。車両の全高は一般的なセダンと大きく変わらないのに、座ったときの視点(アイ・ポイント)がやや高いのだ。一般のセダンよりも車高や座面が少し高

第5章　ハイブリッド自動車のしくみ

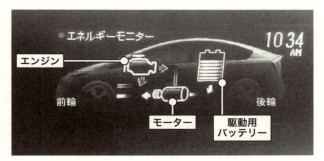

写真5-3　「プリウス（3代目）」のエネルギーモニター

いので、初めて座ると、周囲の見通しが少しよく感じる。初代から受け継がれた「プリウス」の特徴の1つだ。

　起動は、「ミライ」や「リーフ」とほぼ同じだ。ハンドルの左側にあるパワースイッチを押すと、メロディーが流れ、基本的に静かに起動する。ただし、暖機運転のために、エンジンが自動的に始動することがある。これが、エンジンがない「ミライ」や「リーフ」との大きなちがいだ。

　「プリウス」は、運転中にエンジンが始動・停止を繰り返す。燃費向上と排気ガス削減を図るため、走行中でもエンジンを停めることがあるからだ。

　運転席の正面の画面には、「ミライ」と同じようなエネルギーモニターがある（写真5-3）。モーターと駆動用バッテリーが描かれているのは同じで、燃料電池がない代わりにエンジンが描かれている。

■運転操作はガソリン自動車とほぼ同じ

 運転操作は、「ミライ」や「リーフ」と同様に、ガソリン自動車のAT車と同じだ。

 では、発進させてみよう。ブレーキを解除すると、スッと発進し、アクセルペダルを踏まなくても低速で走る。

 発進から低速走行までは、基本的にモーターのみで駆動する。起動したばかりだと、暖機運転するエンジンの音が聞こえることがある。

 アクセルペダルを踏むと、スムーズに加速する。モーターのみで駆動するときは、「キーン」という磁励音が聞こえる。「ミライ」や「リーフ」と同じだ。ただ、アクセルペダルの踏み方や、走行速度、負荷のかかり方などによっては、突然エンジンが始動することがある。

「プリウス」はエンジンを搭載しているが、加速の感覚はガソリン自動車とは異なる。ガソリン自動車では、アクセルペダルの踏み方や走行速度などに応じてエンジンから聞こえる音が変化する。いっぽう「プリウス」では、アクセルペダルの動きがエンジンのトルクに直接反映されないので、かならずしもそうならない。

 このため、ガソリン自動車しか運転経験がない人は、感覚のちがいに戸惑うかもしれないが、少し運転すれば慣れる。ガソリン自動車とほぼ同じ感覚で運転できるように設計されているからだ。

 とくに3代目は、エンジンの動きが初代や2代目よりも気づきにくくなっているので、運転感覚はガソリン自動車

よりも電気自動車に近い。エンジン音は聞こえにくくなっているし、エンジンが始動や停止をするときに生じるショックが小さくなっているからだ。

■モーターとエンジンの役割分担は頻繁に変わる

　走行中にエネルギーモニターを見ながら運転すると、ペダルの踏み方や、走行速度などに応じて表示内容が目まぐるしく変わるのがわかる。複数あるモードから状況に適したものをその都度自動で選び、頻繁に変換するからだ。

　ただし、基本となるモードはある（図5-1）。トヨタのカタログやウェブサイトには、発進から加速までに以下の3つの基本モードがあることが記されている。

①発進時：モーターのみで走行
②通常走行時：モーターとエンジンが最適な効率で走行
③加速時：エンジンとモーターが全力で動き走行

　①の発進時は、もっとも出力を必要とするときで、エンジンだけで駆動すると効率が悪く、多くの燃料を消費するし、有害物質も出やすい。そこでエンジンを停め、低速で大きなトルクを出しやすいモーターで駆動する。
　②の通常走行時は、先ほど紹介したエネルギーモニターの表示が頻繁に変わるときで、状況に応じてモードを選ぶ。
　③の加速時は、登坂や力強い加速など、負荷が大きいときだ。

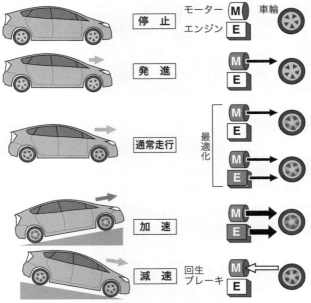

図5-1 「プリウス」のおもな走行モード

「プリウス」のエンジンは、走行中にこうしたモード変化に応じて自動的に起動と停止を繰り返し、停車中はあまりアイドリングをしない。

■総排気量以上のパワフルな加速

筆者は、安全が確保できる場所で「プリウス」でもアクセルペダルを強めに踏んだことがある。いったん停車し、安全を確認した上で、右足でアクセルペダルを踏み込むと、グイッと発進し、力強い加速が始まる。発進の瞬間は

静かだが、すぐにエンジンが「ブオン!」とうなりを上げる。

　加速では、低速走行中に静かだったエンジンが「ゴオオ」と音を立てる。変速ショックはなく、なめらかに加速する。

　加速は力強く、背中が座席にずっと押されるような感じになる。その感覚は「ミライ」や「リーフ」に近い。グイグイ加速する様子は、高排気量のガソリン自動車に似ている。

「プリウス」のエンジンは、総排気量がとくに大きいわけではない。2代目までは1.5Lで、3代目以降は1.8Lだ。これらよりも大きいエンジンを搭載したガソリン自動車は、国産だけでも複数車種存在する。

　にもかかわらず、力強い加速ができるのは、エンジンをモーターがアシストしているからだ。3代目「プリウス」が販売されていたころの公式サイトには、「2.4L車並の加速フィーリングが楽しめます」と記されていた。

■ワインディングロードや高速道路を走る
「プリウス」の走行性能の特徴は、ワインディングロードや高速道路を走ることでもわかる。「リーフ」と同様に、実際に運転してみよう。

　ワインディングロードを走ると、走行性能のよさや、「リーフ」との走りのちがいがわかる。加速が力強く、急な上り坂もグイグイ駆け上がる。前部に重いエンジンを搭載しているのに、ハンドルの応答が速く、急カーブもスム

ーズに通過できる。アクセルペダルの応答性のよさは「リーフ」には及ばないものの、3代目は2代目よりも改良され、応答が速くなった。

筆者は「プリウス」でも表筑波スカイラインを走った。「リーフ」とはちがって走行中にエンジン音が聞こえるが、窓を閉めれば目立つものではなかった。また、急坂や急カーブの通過がスムーズで、「リーフ」と同様に走りやすいと感じた。

高速道路を走ると、高速走行でも進路がぶれにくく、安定しているのがわかる。
「リーフ」とくらべると、車内の静かさや、アクセルペダルの応答性は及ばない。高速走行では、エンジンがメインで駆動するので、エンジン音が響くし、モーター駆動よりも応答に時間がかかるからだ。

ただし、「リーフ」のように航続可能距離を気にする必要がなく、ガソリン自動車と同じ感覚で運転できるので、長距離ドライブをよくする人には便利だ。
「プリウス」は、環境性能を高めた「エコなクルマ」というイメージが強い。しかし、実際に運転すると、それだけにとどまらないよう、走行性能を高めた「運転が楽しいクルマ」を目指して設計されたことがわかる。

■ボタン操作で電気自動車にもなる

とはいえ、ドライバーの目標は人それぞれだ。できるだけガソリン代を節約したい人もいれば、ワインディングロードでスポーティーな走りを楽しみたい人もいる。その点

第5章　ハイブリッド自動車のしくみ

2代目は、走りを楽しみたい人にとってはアクセルペダルの応答がやや鈍く、物足らなかったようだ。

そのため、「プリウス」3代目の新しいモデル（2009年以降販売モデル）からは、目的に応じて走行モードを選べるボタンスイッチが追加された（写真5-4）。走行モードは3つあり、「パワーモード」と「エコモード」、「EVドライブモード」がある。「パワーモード」は、走りを楽しめるモードで、アクセルペダルのレスポンスがよくなり、きびきびとした走りが楽しめる。「エコモード」は、燃費向上を優先するモード、「EVドライブモード」は、電気自動車（EV）のようにモーターだけで駆動するモードだ。

「EVドライブモード」は、住宅街などを静かに走るのに便利だが、長くは続かない。駆動用バッテリーの容量が「リーフ」ほど大きくないので、走行できる距離は短く、数百mから2km程度だ。駆動用バッテリーの残量が少なく

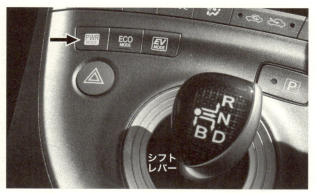

写真5-4　走行モードを選べるボタンスイッチ（矢印、3代目）

181

なったり、速度が55km/h程度を超えたりすると、エンジンが自動的に始動して通常モードに戻る。

■ **クルマがエコ教育する？**
「プリウス」の大きな特徴は、やはり燃費のよさだ。たとえば3代目のLグレードは、燃費が32.6km/L（JC08モード）であり、同じサイズのガソリン自動車の約2倍だ。燃料タンクには最大45Lのガソリンが入るので、理論上は1回の給油で1000km以上走行できることになる。実際に東京〜大阪間（片道約500km）を無給油で往復したという人もいる。なお、4代目のEグレードの燃費は40.8km/L（JC08モード）で、40km/Lを超えた。

もちろん実際の燃費は、運転条件などで変わるので、いつも30km/Lを超えるとは限らない。ただ、燃費を向上させることを意識しながらペダルを操作すれば、30km/Lを超えることはでき、ちょっとした達成感が味わえる。燃費向上の目安となる瞬間燃費や累計燃費、エネルギーモニターなどの表示は、初代から存在する。

初代の開発者の講演資料（参考文献［5-7］）には、環境に配慮しながらも、ドライバーに我慢を強いる自動車にしないことが目標になったと記されている。その目標を反映したものの1つが、燃費向上で達成感が味わえるしくみなのだろう。

初代は、ドライバーの意識を変えたようだ。先ほどの資料には、「燃費がいいので、自分が環境に対してやさしいことをしていると思った」、「車以外の普段の生活において

も環境を意識するようになった」というユーザーの声を多く聞いたと記されている。また、アメリカの上院議員（当時）のロックフェラー氏が、初代を乗って「この車は大変エデュケーショナル（教育的）である」と言ったとも記されている。環境に対する意識を変えるきっかけになったとすれば、たしかに教育的なクルマかもしれない。

5-2　走りと構造の関係

なぜこのような走りができるのか。構造をくわしく見ながら探ってみよう。

■ボンネットを開けてみる

3代目「プリウス」の前部のボンネットを開けてみよう。ボンネットの内部には、多くの機器が所狭しとぎっしり詰まっており、ガソリン自動車では見かけない部品もある。その構造は、「ミライ」や「リーフ」よりも複雑だ。「プリウス」のパワートレインは、おもに7点の部品で構成されている（図5-2）。①エンジン、②動力分割機構、③ガソリンタンク、④モーター、⑤パワーコントロールユニット、⑥駆動用バッテリー、⑦発電機だ。ガソリン自動車にある①〜③と、電気自動車にある④〜⑥を組み合わせ、さらに⑦発電機を加えた構成だ。

ボンネットの内部には、③ガソリンタンクと⑥駆動用バッテリー以外の5点がある。まず目に入るのは、「HYBRID SYNERGY DRIVE（ハイブリッド・シナジー・ドライ

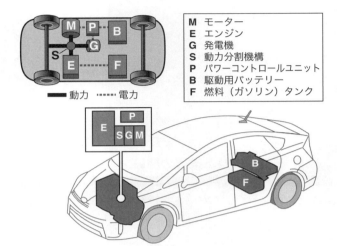

図5-2 3代目「プリウス」のパワートレイン。配置はイメージで、実物と異なる点がある

ブ)」という文字が入った、上部左右の2つの部品だ。左側は①エンジン、右側が⑤パワーコントロールユニットだ。パワーコントロールユニットの下には、②動力分割機構や④モーター、⑦発電機があるが、上からは見えにくい。

残りの2点は、車両後方にある。③ガソリンタンクは、後部座席の座面の下、⑥駆動用バッテリーは、荷物などを置くラゲージスペースの床下にある。

■なぜ燃費向上と排気ガス低減が実現したのか

なぜここまで複雑な構造を採用したのか。それは、燃費の向上と、排気ガスの削減を実現するためだ。

第5章　ハイブリッド自動車のしくみ

　このことはトヨタが発表した初代「プリウス」の論文（参考文献［5-6］）にも載っている。この論文には、従来のガソリン自動車の2倍の燃費と排気ガスのクリーン化などが開発目標だったことが記されている。初代はその目標通り、28km/L（10・15モード）という同クラス車の約2倍の燃費を実現し、排気ガス中のCO（一酸化炭素）やHC（炭化水素）、NO_xの量を規制値の約1/10まで削減した。

　では、なぜ燃費向上と排気ガス低減が実現したのか。その理由はおもに2つある。（A）エネルギー効率の向上と、（B）エンジン停止機構の導入がある。

　（A）のエネルギー効率の向上は、ガソリン自動車が従来捨てていたエネルギーを回収し、リサイクルできるようにしたことで実現した。「ミライ」や「リーフ」と同様に、回生ブレーキで減速するときに、モーターが発電した電気の一部を駆動用バッテリーに充電し、それを次に発進や加速でモーターを駆動するときに使うことは、エンジンの負担を減らすことにつながった。

　（B）のエンジン停止機構は、運転中のエンジンの稼働時間を減らすために導入された。停車時は、エンジンを止めてアイドリングをなくす。走行時は、モーターのみで走行できるときは、エンジンを止める。つまり、必要に応じてエンジンの始動と停止を繰り返すことで、エンジンをできるだけ動かさないようにしたのだ。

　以上（A）（B）2つの工夫によって、エンジンの負担や稼働時間が減り、燃料の消費量や排気ガスの量を減らすことにつながった。

■なぜ操縦安定性が高いのか

「プリウス」の3代目は、操縦安定性が高く、カーブをスムーズに通過できる。

なぜこの操縦安定性が実現したのか。トヨタ・テクニカル・レビュー（2010年3月発行）には、シャシーの改良が寄与したと記されている。トレッドと呼ばれる左右の車輪間隔（左右タイヤ設置面の中心間距離）が2代目よりも広くなったこと。前輪のキャスター角、つまり舵を切るステアリングの回転軸と垂直線の間の角度を2代目とくらべてほぼ倍増させることで、直進安定性とハンドル操作時（操舵時）の手応えが向上したこと。衝撃を吸収するサスペンションや、ステアリングシステムを改良したことなどが、操縦安定性だけでなく、乗り心地の向上につながったようだ。

3代目では、重量物の軽量化が進んだ。たとえばパワーコントロールユニットは、2代目のものよりも高出力化を図りながらも、冷却機構などの改良や部品の小型化を図り、重量が36%減った。モーターも改良によって小型化され、軽量化が図られた。4代目では、さらにパワートレインの改良で低重心化が図られ、ボディの剛性も向上した。「プリウス」の操縦安定性は、初代・2代目・3代目・4代目と、フルモデルチェンジを重ねるごとに高まっている。それは、ボディやシャシーの改良だけでなく、重量物の軽量化や配置の工夫で、適した重量バランスがとりやすくなったことも関係しているだろう。

第5章　ハイブリッド自動車のしくみ

■**なぜ加速がなめらかなのか**

「プリウス」は加速がなめらかだ。モーターのみで駆動するときはもちろん、エンジンが駆動に直接関わるときでも変速ショックが生じない。エンジンが発進から高速走行まで駆動に関わるには、出力特性の関係で変速が必要だが、一部のガソリン自動車で導入されているベルト式CVTは使われていない。

ではどのようにして変速ショックをなくしているのだろうか。その理由は、遊星歯車機構（図5-3）を利用した動力分割機構にある。これは、モーターとエンジンの動力を分割する役割をする装置で、トヨタが開発したハイブリッドシステムの肝となる部分だ。理解がとくに難しい部分なので、遊星歯車機構の構造から順に説明しよう。

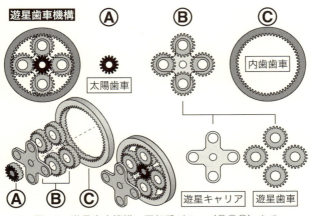

図5-3　遊星歯車機構。回転系が3つ（ⒶⒷⒸ）ある

遊星歯車機構は、構造が特殊で、宇宙の太陽系と似た部分がある。太陽を中心にして回り続ける地球などの惑星のように、中心から一定の距離を保ち、自転しながら公転する歯車がある。この歯車は遊星歯車（プラネタリーギア）と呼ばれ、中心の歯車は太陽歯車（サンギア）と呼ばれる。遊星歯車の外側には、円形の内歯歯車（アウターギア、またはリングギア）があり、互いにかみ合っている。遊星歯車の回転軸は、遊星キャリア（プラネタリーキャリア）で支えられている。

　Ⓐ太陽歯車とⒷ遊星キャリア、Ⓒ内歯歯車の回転軸の中心は同じだ。この3つの回転軸は連動し、ⒷまたはⒸの一方の回転が止まっても、他の2つが連動して動く（図5-4）。また、Ⓐの回転抵抗（回りにくさ）を変えると、「Ⓑ→Ⓒ」と伝わる動力の比率が変わり、変速比が変わる。

「プリウス」の動力分割機構の場合は、Ⓐ太陽歯車が発電機、Ⓑ遊星キャリアがエンジン、Ⓒ内歯歯車がモーターと車輪につながっている（図5-5）。モーターと車輪は、常に連動して回転する。

　この動力分割機構では、ⒷまたはⒸ、つまりエンジンか

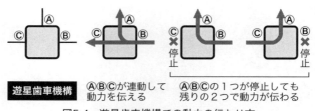

図5-4　遊星歯車機構での動力の伝わり方

第5章 ハイブリッド自動車のしくみ

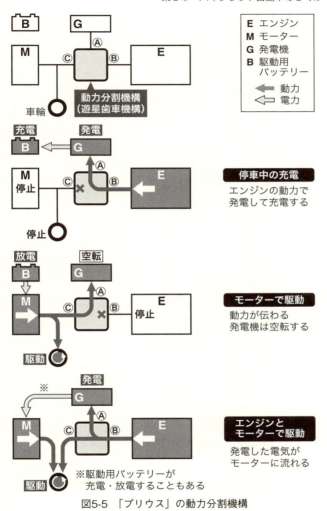

図5-5 「プリウス」の動力分割機構

モーター（車輪）のどちらかの回転を止めても、他の2つの回転軸で動力を伝えることができる。

エンジンを止めたときは、電気自動車と同じように、モーターのみで車輪を駆動できる。このとき、モーターの動力は「Ⓒ→Ⓐ」と伝わるが、発電機は空回りする。

モーター（車輪）を止めたときは、車両が停車している状態で、エンジンの動力が「Ⓑ→Ⓐ」と伝わり、発電機を回すことができる。このため、停車中に発電して、駆動用バッテリーの充電ができる。

エンジンで駆動するときは、エンジンの動力は「Ⓑ→Ⓐ」と「Ⓑ→Ⓒ」の二手に分かれ、車輪（モーター）と発電機に伝わる。このとき発電機を制御すると、Ⓐの回転抵抗が変わり、「Ⓑ→Ⓒ」の変速比を連続的に、かつ自在に変えることができる。だから変速ショックが生じないのだ。

また、発電機で発電した電気をモーターに流すと、モーターがエンジンをアシストして車輪を駆動することもできる。高排気量エンジンのような加速ができるのは、このためだ。

このような遊星歯車機構を利用した動力分割や無段変速のしくみは、トヨタが1970年代に特許をとっていた。それから20年以上経ち、初代「プリウス」で開花した。

■「プリウス」はお得なのか

「プリウスを買うのは得か損か」という議論があるが、これは一概に言えない。ガソリン代をふくめたランニングコ

ストは、走行条件などによって変わるので、購入コストをふくめたトータルの評価ができないからだ。

「プリウス」は、同クラスのガソリン自動車とくらべると車両価格が割高だ。現在は政府のエコカーに対する補助金があるが、それでもガソリン自動車より高い。

その理由は、パワートレインの部品の多さと、構造の複雑さにある。先ほど述べたように、ガソリン自動車と電気自動車のパワートレインにある部品の両方があるので、ガソリン自動車よりもコストがかかるのだ。

もちろん、燃費がよく、ガソリン代が節約できるという利点はある。ただ、節約で浮いた費用が、購入コストの高さをカバーできるとは限らない。

5-3　ニッケル水素電池

■なぜニッケル水素電池なのか

次に「プリウス」の駆動用バッテリーに迫ってみよう。

3代目の駆動用バッテリーには、「リーフ」で使われているリチウムイオン電池ではなく、「ミライ」で使われているニッケル水素電池が使われている。第1章でも述べたように、「ミライ」の駆動用バッテリーは、トヨタでハイブリッド自動車用に開発されたものを流用したものだ。なお、4代目ではリチウムイオン電池を搭載したモデルがあるが、ここでは除外しよう。

ではなぜ、「プリウス」ではニッケル水素電池が使われ

ているのか。それは、ハイブリッド自動車であり、電気自動車ほど大容量の二次電池を搭載する必要がないからだ。

また、ニッケル水素電池は、鉛蓄電池よりもエネルギー密度が高く、リチウムイオン電池よりも安価だ。リチウムイオン電池のような発火が起こりにくく、安全性が高いという利点がある。このため、「プリウス」をはじめとする多くのハイブリッド自動車の車種に使われている。

■繰り返し使える乾電池でおなじみ

ニッケル水素電池は、すでに乾電池などの身近なものに使われている。乾電池には、一次電池と二次電池の２種類があり、「eneloop（エネループ）」（写真5-5）などの商品名で販売されている繰り返し使える二次電池の乾電池には、ニッケル水素電池が使われている。その表面にはリサイクルマークとともに「Ni-MH」という文字が印刷されている。「Ni-MH」は、「Nickel Metal Hydride」の略だ。

公称電圧は1.2Vで、リチウムイオン電池（3.7V）や鉛蓄電池（2.0V）よりも低いが、一般的な一次電池のマンガン乾電池（1.5V）に近い。これが、繰り返し使える二次電池の乾電池に使われる理由だ。

ニッケル水素電池は、100年以上前に開発されたニカド電池（略称は「Ni-Cd」）の改良型だ。ニカド電池の負極材料に使われたカドミウムは、人体に有害なので、これを水素吸蔵合金（MH）に置き換え、安全性を高めた。水素吸蔵合金は、第１章の1-5でも紹介した、水素を吸い込み、蓄える合金だ。

第5章 ハイブリッド自動車のしくみ

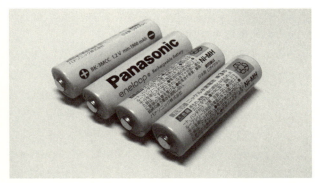

写真5-5 繰り返し使える乾電池「エネループ」。ニッケル水素電池（Ni-MH）が使われている

　ニッケル水素電池の量産化は、リチウムイオン電池よりも1年早く、1990年に日本の松下電池工業と三洋電機（現在はパナソニック）が世界で初めて量産化した。生産量はその後増えたが、リチウムイオン電池に押され、2000年をピークに減少に転じた。その後はハイブリッド自動車に使われるようになり、盛り返しつつある。今は固定電話の子機などの小型電子機器や、電動アシスト自転車の電池としても使われている。

　ニッケル水素電池の価格は、リチウムイオン電池と鉛蓄電池の中間だ。鉛蓄電池より高価なのは、リチウムイオン電池ほどではないが、高価な材料が使われており、構造が複雑だからだ。

　その理由は、ニッケル水素電池の原理や構造を知るとわかる。まずは、その基本となる、充電や放電の原理から説明しよう。

193

■ニッケル水素電池の原理

ニッケル水素電池は、リチウムイオン電池と同様に、電解液に2つの電極を浸ける構造だ(図5-6)。ただし、電解液や電極の材料が異なる。電解液は有機溶媒ではなく、強アルカリ性の水溶液(濃い水酸化カリウム水溶液)だ。電極は、正極と負極で材料が異なる。

正極は、おもにオキシ水酸化ニッケル(NiOOH)が使われる。放電すると、オキシ水酸化ニッケルは水酸化ニッケル($Ni(OH)_2$)になる。

負極は、水素吸蔵合金(MH)だ。放電すると、吸蔵していた水素イオンを放出し、金属(M)になる。

正極と負極を電球などの負荷につなぐと、正極から負極に電流が流れ(電子は電流と逆向きに移動)、水素イオンが負極から放出され、電解液を移動し、正極でオキシ水酸化ニッケルと反応して水酸化ニッケルを生成する。充電するときは、電子や水素イオンは逆向きに移動。

繰り返し使えるのは、リチウムイオン電池と同様に、反応が可逆で、電解液や電極が劣化しにくいからだ。電解液は水素イオンが移動するだけで、反応には関与しない。

ニッケル水素電池にも寿命があり、サイクル寿命は500〜1000回程度とされる。ただし、現在はこれを超える市販品もある。また、放電深度を浅くする、つまり完全に放電させて使い切らず、少し残量を残したまま充電すると、寿命を格段に延ばすことができる。第3章の3-3で紹介したリチウムイオン電池と同様だ。

第5章 ハイブリッド自動車のしくみ

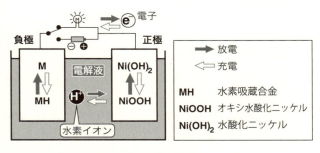

図5-6a　ニッケル水素電池の原理

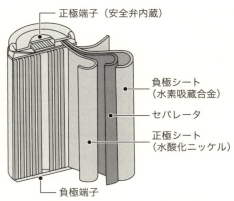

図5-6b　円筒形ニッケル水素電池の構造

■**使い方を誤ると破裂する？**

　ニッケル水素電池も、使い方を誤ると破裂することがある。ただし、電解液が水溶液なので、リチウムイオン電池のような発火は起こりにくい。

　ニッケル水素電池を過充電すると、正極から酸素、負極から水素のガスが発生する。市販品は強アルカリ性の電解液が外部に漏れないように密閉容器に入っているので、ガスの発生で内部圧力が上がり、破裂する可能性がある。

　ただし市販品は、レドックスシャトル機能や安全弁があるので、破裂は起こりにくい。レドックスシャトル機能とは、正極で発生した酸素を、負極で水素と反応させて水に戻す機能で、正極よりも負極の活物質（反応に関わる物質）を多くすることで、ガス発生を抑えることができる。安全弁は、正極端子にあり、内部圧力が上がったときにガスを外部に放出し、破裂を防ぐ。

　充電に使う外部装置にも、残量などを監視して過充電を防ぐ機能がある。また、寿命を長く保つため、外部装置に過放電を防いだり、温度管理をしたりする機能を持たせる場合もある。

　市販品に多い円筒形のニッケル水素電池は、正極シート、セパレータ、負極シートを巻き、電解液とともに密閉容器に入れた構造になっている。正極シートと負極シートには、それぞれ活物質がつけてある。

　鉛蓄電池よりも高価になるのは、水素吸蔵合金など特殊な材料が使われており、密閉構造で、製造コストを下げる

のが難しいからだ。

■なぜ残量はゼロやフルになることが少ないのか

3代目「プリウス」では、こうしたニッケル水素電池の性質を生かし、寿命を延ばす工夫がされている。過充電や過放電が起こらないようにするだけでなく、残量が中間になる状態、つまり放電深度が浅い状態をできるだけ保ちながら、劣化を最小限に抑えているのだ。

3代目「プリウス」のエネルギーモニターには、駆動用バッテリーの残量が8段階で表示される。これを運転中に観察していると、残量が0または8（フル）になることがほとんどなく、中央の4や5を中心に変化するのがわかる。容量をすべて使い切らず、充電と放電を繰り返し、中間の残量をキープしている。このように放電深度を浅くして寿命を延ばしているため、充電と放電を1000回以上繰り返しても駆動用バッテリーを使うことができる。

■残量がいっぱいになったらどうなるのか

とはいえ、残量が上限の8になることもある。シフトレバーを「B（ブレーキ）」にして、長い下り坂で回生ブレーキを使い続けると、駆動用バッテリーが充電されて、残量が徐々に増え、8になる。

このまま回生ブレーキを使い続けると、どうなるのか。3代目「プリウス」で実際にやってみると、回生ブレーキは効き続けるが、突然エンジンがうなり出す。駆動用バッテリーがこれ以上充電できなくなり、モーターが発電した

電気が発電機に流れ、エンジンが回される。つまり、ガソリン自動車のエンジンブレーキに似たことが起こるのだ。ただし、エンジンの音は、走行速度とはかならずしもリンクしていない。

　ガソリン自動車では、長い下り坂を走るときなどに補助的にエンジンブレーキを使い、車輪が回転する力でエンジンを回す。このとき、自動車の運動エネルギーは、エンジンで熱エネルギーに変換され、大気に放出、つまり捨てられる。「プリウス」では、運動エネルギーをいったん電気エネルギーに変換して回収しているが、それができなくなると、エンジンで熱エネルギーに変換して捨てるのだ。

　なお、この状況はかなり長い坂でないと起こらない。筆者は表筑波スカイラインや日光いろは坂で確認した。

 ## 5-4　ハイブリッド自動車のしくみ

■ハイブリッドシステムには種類がある

　もちろん、ハイブリッド自動車は「プリウス」だけではなく、複数の車種が存在する。これらは、採用したハイブリッドシステムの種類で分類することができる。

　そこでここでは、乗用車を中心にハイブリッド自動車の定義を整理した上で、ハイブリッドシステムの種類に迫ってみよう。

　第3章では、電気自動車の狭義と広義についてふれたが、ハイブリッド自動車にも、狭義と広義がある。

第5章 ハイブリッド自動車のしくみ

　狭義では、冒頭で述べたように、エンジンとモーターの両方を使って駆動する自動車を指す。一般的に「ハイブリッドカー」や「ハイブリッド自動車」と呼ばれるものだ。

　広義では、2つのシステムを混成（hybrid）させた自動車を指すので、第1章でもふれたように、2種類の電池を搭載した「ミライ」も、ハイブリッド自動車にふくまれる。ただし、これも混乱を招くので、ここでは狭義で統一することにしよう。

「プリウス」などのハイブリッド自動車は、エンジンとモーターの両方を使って駆動するハイブリッドシステムを採用している。その動力伝達方式はおもに3種類ある。①シリーズ方式（直列方式）と②パラレル方式（並列方式）、③シリーズ・パラレル方式だ（図5-7）。

　①のシリーズ方式は、「エンジン→発電機→モーター→車輪」というように、駆動系が直列になった方式だ。エンジンは発電機を回すだけで、駆動には直接関与しない。発生した電気は駆動用バッテリーやモーターに流れる。モーターは、駆動用バッテリーや発電機から供給された電気で回り、車輪を駆動する。エンジンや発電機を除けば、電気自動車と構成が同じなので、「エンジンで動く発電機を搭載した電気自動車」とも言える。

　②のパラレル方式は、エンジンをモーターがアシストする方式で、エンジンとモーターが並列で、両方が車輪を駆動する。出力特性が異なるエンジンとモーターの両方の長所を生かすことができる。エンジンとモーターの分離を可能にして、モーターのみでの駆動を実現した例もある。

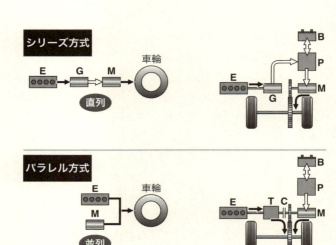

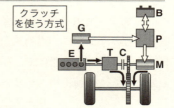
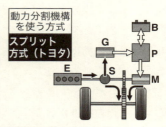

図5-7 ハイブリッド自動車の動力伝達方式

③のシリーズ・パラレル方式は、シリーズ方式とパラレル方式を組み合わせた方式だ。条件に応じてモードを切り替えるので、エンジンとモーターの出力特性の良い部分をそれぞれ利用でき、燃費が向上するが、構造が複雑になる。

いずれの方式も一長一短があり、自動車メーカーや車種によって採用する方式が異なる。

たとえばトヨタは、シリーズ・パラレル方式の1種であるスプリット方式（分割方式）のハイブリッドシステムを開発し、「プリウス」などの乗用車に導入している。前述した遊星歯車機構を利用した動力分割機構を導入しているのが大きな特徴だ。

ホンダは、パラレル方式のハイブリッドシステムを開発し、「インサイト」（写真5-6）や「フィット・ハイブリッド」などの乗用車に導入している。スプリット方式よりも構造がシンプルで、コストダウンを図ることができる。

写真5-6　ホンダのハイブリッド自動車「インサイト（初代）」
（写真：本田技研工業）

ハイブリッドシステムは、動力伝達方式だけでなく、駆動系の配置でも分類できる。エンジンやモーター、クラッチ、トランスミッションなどをそれぞれどう配置し、動力を伝達するかは、車種によって異なる。

　欧米の自動車メーカーも、ハイブリッド乗用車を開発しており、採用する動力伝達方式や駆動系の配置がそれぞれ異なる。

■なぜトヨタはスプリット方式を選んだか

　トヨタのハイブリッド自動車の乗用車は、一貫してスプリット方式だ。なぜそこまでこだわるのだろうか。それは、シリーズ方式やパラレル方式では、開発目標を達成できないという判断があったようだ。

　初代「プリウス」の資料（参考文献 [5-4], [5-6], [5-7]）には、スプリット方式を選んだ背景が記されている。トヨタは、1993年に21世紀に向けた自動車を検討するプロジェクト「G21」を立ち上げ、1995年の春にハイブリッドシステムの開発に着手したが、燃費を2倍に引き上げるなどの開発目標をシリーズ方式やパラレル方式では達成できないと判断した。また、前述したように、スプリット方式の鍵となる遊星歯車機構を使った動力分割や無段変速のしくみに関わる特許を1970年代に出願しており、基礎検討の実績があった。

　このため、初代「プリウス」ではスプリット方式が採用され、そこからトヨタのハイブリッドシステムが発達してきた。このため、現在もトヨタのハイブリッド乗用車では

第5章 ハイブリッド自動車のしくみ

スプリット方式を採用している。

■モードをどのようにして変換するのか

「プリウス」のエネルギーモニターの表示が頻繁に変わることからもわかるように、シリーズ・パラレル方式のハイブリッド自動車は、運転中に複雑なモード変換を行っている。そのモードはおもに3つあり、シリーズ方式になるシリーズモード、パラレル方式になるパラレルモード、そして、2つを組み合わせた過渡モードだ。過渡モードは、動力や電気の伝わり方が異なる種類が複数ある。

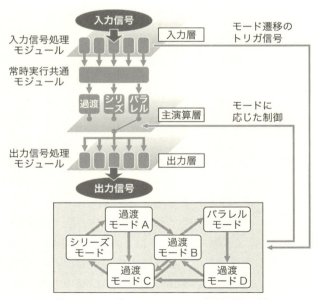

図5-8 ハイブリッドシステムの協調制御の例

203

では、シリーズ・パラレル方式ではどのようにしてモードを選んでいるのか。それには、複数の条件から適したモードを選ぶ制御装置が使われている（図5-8）。

　この制御装置では、協調制御と呼ばれる制御方法が使われている。協調制御は、走行環境やドライバーのペダル操作だけでなく、エンジンやモーター、駆動用バッテリーの状態を検知し、それぞれの性能を最大限引き出すモードを選び、切り替えている。

　この判断の要となるのが、協調制御のアルゴリズムだ。このアルゴリズムの設計には機械と制御の両方の技術が必要で、高度なすり合わせを必要とする。

■「簡易型」ハイブリッド乗用車もある？

　ガソリン自動車に分類される自動車の中には、ハイブリッド自動車の利点を部分的に組み込み、低コストで燃費向上を実現したものもある。いわゆる「簡易型」ハイブリッド自動車だ。そのシステムは構造が異なる方式があり、それぞれ「マイルドハイブリッド」や「マイクロハイブリッド」、「Sハイブリッド」、「e-4WD」などと呼ばれている。ただし、同じ方式でも自動車メーカーによって呼び方がちがう。

　「マイルドハイブリッド」は、小型モーターと小型電池を使い、回生エネルギーを走行駆動力の一部に利用してエンジンをアシストする。一般販売の乗用車では、トヨタの「クラウン」で初導入された。現在は、同様の方式をホンダやマツダ、スズキ、BMWなどが一部車種に導入してい

る。
「マイクロハイブリッド」は、回生エネルギーを走行駆動力に使わず、空調などの電装品で利用する。スズキの「エネチャージ」、マツダの「i-ELOOP」などがある。
「Sハイブリッド」は日産、「e-4WD」は日立製作所が開発した方式だ。「Sハイブリッド」は、2010年に日産「セレナ」に導入された。大型発電機(ECOモーター)を導入した方式で、「マイルドハイブリッド」と似ているが、エンジンと発電機の間にクラッチがない。「e-4WD」は、2002年に日産「マーチ」で初採用された。前輪はエンジンで駆動し、後輪はモーターで駆動する。エンジンに直結した発電機がモーターに電気を送るが、回生ブレーキは使わない。

　回生エネルギーで得た電力は、鉛蓄電池に充電する例が多いが、「Sハイブリッド」や「エネチャージ」はリチウムイオン電池、「i-ELOOP」は、電気二重層キャパシタに充電する。電気二重層キャパシタの詳細は、第6章で述べる。

■バスとしても用いられるハイブリッド自動車

　ここまで乗用車の話をしたが、世界で最初に販売されたハイブリッド自動車は、第4章の4-4で述べたように、乗用車ではなくバスである。そのバスは、日野自動車が1991年に販売開始した大型路線ハイブリッドバスだ。これは、ディーゼルエンジンとモーターの両方を使って駆動するパラレル方式のディーゼルハイブリッド自動車で、駆動用バ

ッテリーは鉛蓄電池だった。世界初のハイブリッドバスは、世界初のハイブリッド乗用車である「プリウス」よりも6年早く販売されたのだ。

ディーゼルエンジンを搭載した大型路線ハイブリッドバスは、日本では1993年から「低公害バス」として、奥日光の戦場ヶ原（せんじょうはら）で運行され（写真5-7）、のちに上高地（かみこうち）も走った。今では東京などの都市部を走るようになり、東京都交通局でも、大型路線ハイブリッドバスの導入台数を増やしている。

現在ディーゼルハイブリッド自動車は、領域が大型観光バスやトラック、そして乗用車にまで広がり、販売台数が増えた。日本では、三菱ふそうや日産ディーゼル（現UDトラックス）、いすゞ、海外ではドイツのダイムラーやイ

写真5-7　奥日光を走る低公害バス（写真：栃木県立日光自然博物館）

第5章 ハイブリッド自動車のしくみ

タリアのフィアット・インダストリアルなどが大型車を開発し販売している。乗用車の開発も進み、日本でも販売されている。

ただし、大型車全体で見ると、ディーゼルハイブリッド自動車の割合は少ない。大型車は、乗用車と走行条件が異なり、ハイブリッド化の利点を生かしにくいからだ。このため、自動車メーカーは、走行条件に合わせた大型車用のハイブリッドシステムを開発している。

ハイブリッドバスは、内燃機関としてディーゼルエンジンを搭載する例がほとんどだ。ただしガスタービンエンジンを搭載したユニークな例もある。ガスタービンエンジンは、内部で生じた燃焼ガスがタービン（羽根車）を回転させるエンジンで、高速回転するため、重量や容積の割に大きな出力が得られるという利点がある。

ニュージーランドの自動車メーカーであるデザインライン（現EPV）は、アメリカ製ガスタービンエンジンを搭載したシリーズ方式のハイブリッドバス「エコスマート」を開発した（図5-9）。このバスは、ニュージーランドやアメリカなどで導入されており、日本では「タービンEVバ

図5-9　タービンEVバスの構造。マイクロタービンで発電するシリーズ方式のハイブリッドバス

207

写真5-8 ガスタービンエンジンを搭載したタービンEVバス。「丸の内シャトル」などで使われている(写真:共同通信)

ス」と呼ばれ、東京駅近辺を走る無料巡回バス「丸の内シャトル」などで使われている(写真5-8)。

5-5 プラグイン・ハイブリッド自動車のしくみ

■電気自動車とハイブリッド自動車の長所を生かす

第4章で紹介したプラグイン・ハイブリッド自動車についてもふれておこう。

現在は、国内外の複数の自動車メーカーがプラグイン・ハイブリッド自動車を販売している。おもな車種は3種類あり、トヨタの3代目「プリウス」と外見がよく似た「プリウスPHV」や、三菱のSUV「アウトランダー PHEV」(写真5-9)、GMのハッチバック「Chevrolet Volt(シボレ

第5章　ハイブリッド自動車のしくみ

写真5-9　三菱「アウトランダーPHEV」(自動車技術展2015)

写真5-10　GM「シボレー・ボルト」(写真：アフロ)

ー・ボルト)」(写真5-10) がある。

　これらはハイブリッドシステムが異なる。「プリウスPHV」はスプリット方式だが、「アウトランダーPHEV」はクラッチを使うシリーズ・パラレル方式だ。「シボレ

ー・ボルト」は当初シリーズ方式と報じられたが、GMは2010年末になって、遊星歯車機構を用いた動力分割機構も搭載すると発表した。ただし、トヨタのスプリット方式とは動力の伝達方法が異なる。それぞれハイブリッドシステムを改良して、利便性向上やコストダウンを図っている。

■電気自動車に近い運転感覚

　日本で販売されている「プリウスPHV」と「アウトランダー PHEV」は、ハイブリッド自動車というよりは電気自動車に近い。どちらも100km/hまでモーターのみで走行できるし、自宅や充電スタンドで充電できる。加速などで大きな負荷がかかったり、駆動用バッテリー残量が不足したりすると、エンジンが始動するが、それ以外は始動しない。近距離であればモーターのみで十分走れるし、必要に応じてエンジンがサポートしてくれるので、電気自動車のように1充電走行距離を意識する必要もない。

「シボレー・ボルト」は、2016年1月時点で日本では一般販売されていないが、これらの点は同じだ。そのためGMは、当初これを「電気自動車」と称して販売していたが、2016年1月時点では公式サイトで「ハイブリッド電気自動車」であると記している。

　なお、電気自動車の中には、BMWの「i3」の一部のモデルのように、ガソリン発電機（小型ガソリンエンジンと発電機）を搭載したものが存在する。「i3」のガソリン発電機は、航続距離を延ばすことを目的にしたものなので、「レンジエクステンダー」と呼ばれている。

第6章 電動自動車の新技術

New Technology

MITSUBISHI PLUG-IN HYBRID EV

TOYOTA & HINO FUEL CELL BUS

電動自動車では、常に新しい技術の導入が検討されている。本章では、駆動に関わるモーターや制御、そして蓄電装置のおもな新技術を紹介する。また、近年ニーズが高まった電力供給の機能についても紹介する。

6-1　進化するモーターと制御

■可能性を広げるインホイールモーター

今後電動自動車の可能性を広げると期待されるものに、インホイールモーターで駆動する技術がある（図6-1）。インホイールモーターは、第4章でも述べたように、車輪に内蔵できるモーターで、タイヤの内側にあるホイールの内側に収まり、車軸を直接、もしくは歯車を介して駆動する。

インホイールモーター駆動のおもな利点は4つある。①設計の自由度が上がる、②動力伝達の効率が上がる、③駆動輪を増やすのが容易、④車輪が舵を切る角度（転舵角）が広がる、だ。

①の、設計の自由度が上がるのは、動力源が車輪に移り、部品配置の制約が減るからだ。

②の、動力伝達の効率が上がるのは、動力系の部品が減り、エネルギーの機械的損失も減るからだ。パワートレインの構造をシンプルにすることにもつながる。

③の駆動輪を増やすのが容易であることと、④の転舵角が広がることは、車輪に動力を伝えるドライブシャフトが不要になることで実現する。

第6章　電動自動車の新技術

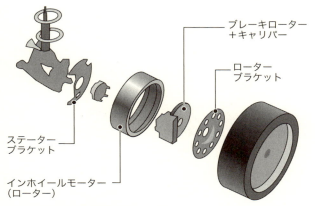

図6-1　車輪を直接駆動するインホイールモーターの例

　ただし、弱点もある。インホイールモーターは、車輪内部の限られた空間に収めるため、高出力化が難しい。また、車輪に伝わる衝撃を受けやすいので、堅牢な構造にする必要がある。さらに、インホイールモーターを導入すると、ホイールが重くなり、バネ下重量が大きくなる。バネ下重量とは、バネから車輪側にある部品の重量で、これが大きくなるとボディに衝撃や振動が伝わりやすくなり、乗り心地が悪くなる。

　第4章でもふれたように、インホイールモーターで駆動する電気自動車は、19世紀末に存在したが、前述した弱点を克服するのが技術的に難しく、実用化が難しいとされた。ただし現在は、インホイールモーターの軽量化や高出力化などの改良が進み、実用化の可能性が高まっている。

■スケートボード形シャシー

 インホイールモーターを使うと、パワートレインの構造がシンプルになり、従来とは異なる車両構造を実現することができる。

 GMは、この利点を生かした4輪駆動の燃料電池自動車を開発し、ボディ床面を平らにした。この燃料電池自動車のシャシーは、形がスケートボードに似ていることから「スケートボード形シャシー」と呼ばれ、燃料電池自動車のパワートレインを収めながらも、上面が平らだ（図6-2）。

「スケートボード形シャシー」は、GMが2002年に発表したコンセプトカー「Hy-Wire（ハイワイヤー）」と、それを実用化レベルに引き上げた試作車「Sequel（シークエル）」に導入された。本格的な実用化には至らなかった

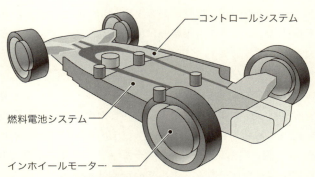

図6-2　GMが燃料電池自動車用に開発したスケードボード形シャシー（基本構造概念図）

が、自動車の可能性を広げた試みとして興味深い。

■パワーコントロールユニットの発達

電動自動車では、モーターだけでなく、それを制御するパワーコントロールユニットも発達している。パワーコントロールユニットは、おもに第1章の1-3で述べたパワー半導体の発達によってエネルギー効率が向上し、小型化が実現しようとしている。

これまでの電動自動車では、ケイ素（Si）製のパワー半導体がおもに使われてきた。初代「プリウス」をふくめて20年近くハイブリッド自動車などで使われてきたパワー半導体だ。

Si製のパワー半導体には、技術的な課題があった。電力変換時に熱を出すので、大柄な冷却機構が必要だった。また、1秒間にオン・オフを繰り返す回数が少なく（スイッチング周波数が低く）、ノイズが生じやすかったので、波形を平滑にするため、大型のコイルやコンデンサを設ける必要があった。

現在は、Si製よりも性能が優れた炭化ケイ素（SiC）製のパワー半導体が開発されており、電動自動車への導入が検討されている。SiC製のパワー半導体は、Si製よりも発熱量が少なく、電力損失が小さく、スイッチング周波数が高い。このため、パワーコントロールユニットに導入すると、エネルギー効率が向上し、冷却機構やコイル、コンデンサの小型化が可能になる。

実用化に向けた検討は、各自動車メーカーで行われてい

る。たとえばトヨタは、デンソーや豊田中央研究所と共同で自動車向けのSiC製のパワー半導体を開発し、2014年3月に発表した。将来的には、Si製のパワー半導体を使う場合とくらべて、ハイブリッド乗用車の燃費10％向上や、パワーコントロールユニットの5分の1の小型化を目指すとしている。

6-2　新しい動きを実現する技術

電動自動車は、インホイールモーターや制御技術の発達によって、ガソリン自動車ではできなかった動きもできるようになった。ここではその例として、8輪駆動や4輪独立制御を紹介する。

■8輪駆動のスーパーカー「エリーカ」

日本で試作された電気自動車の中には、8個のインホイールモーターで8輪を駆動する8輪駆動車（8WD）がある。2004年に慶應義塾大学が中心となって開発した「Eliica（エリーカ）」だ（写真6-1）。

8輪駆動車にした理由は、電気自動車の高出力化の可能性を示すためでもある。電気自動車は、インホイールモーターを使うことで、ガソリン自動車よりも容易に駆動輪を増やすことができ、高出力化できる。また、各インホイールモーターを個別に制御すれば、走行安定性が高まる。
「エリーカ」は、加速性能に優れ、発進から時速100マイル（約160km）まで7秒で達した。また、イタリアのテス

第6章 電動自動車の新技術

写真6-1　8輪駆動の電気自動車「エリーカ」。慶應義塾大学が中心になって開発した（写真：Fujifotos／アフロ）

トコースでは、最高速度370.3km/hを記録した。

■カーブ通過を容易にする独立制御

　一般的な4輪の電動自動車でも、インホイールモーターの導入が検討されている。インホイールモーターで4輪駆動にして、4つのインホイールモーターをそれぞれ独立に制御するシステム（4輪独立モーター走行システム）を導入すると、カーブでの走行安定性が向上するなどの利点があるからだ。

　カーブでの走行安定性が向上するのは、走行中に駆動力の配分を変えられるからだ。カーブでは、各車輪にかかる荷重が変わるが、それに合わせて駆動力が変化しないと車輪が滑りやすくなり、走行が不安定になる。4輪独立モーター走行システムで、4つのインホイールモーターを個別

に制御すれば、4輪それぞれの駆動力を最適な配分にでき、走行が安定する。

■新しい動きを提案した「ピボ」

　電動車両の中には、ガソリン自動車では難しい複雑な動きをするものも開発されており、その一例に「PIVO（ピボ)」がある。

「ピボ」は、日産が2005年に発表したコンセプトカーで、「インホイールモーター駆動のクルマはこんな動きもできる」ということを示した3人乗り電動車両だ（写真6-2）。4つの車輪は、それぞれ独立に向きや位置を変えることができ、駆動するインホイールモーターを独立に制御でき

写真6-2　複雑な動きが可能なコンセプトカー「PIVO」（写真：日産自動車）

る。

　また、「走る」「曲がる」「止まる」の３つの運動を統合させて制御する統括制御システムが導入されており、全車輪を真横に向けて縦列駐車したり、場所を移動せずにその場でぐるぐる旋回したりするなど、従来の自動車ができなかった動きができる。まだ一般販売する車両として実用化はされていないが、４輪車の電動化が運動の可能性を広げた例と言える。

6-3　新しい蓄電技術

■二次電池より劣化しにくい蓄電装置

　電動自動車にとっては、電気を蓄える蓄電装置の技術は重要だ。蓄電装置は、電気自動車の主電源であり、燃料電池自動車やハイブリッド自動車のエネルギー効率を高める上で欠かせないからだ。

　電動自動車の駆動用蓄電装置は、現在は二次電池が主流だ。大容量の電気を蓄電できるニッケル水素電池やリチウムイオン電池が開発されたことは、電動自動車が発達する大きな要因となった。

　ただし、二次電池には弱点がある。化学反応をともなうので、充電・放電を頻繁に繰り返すと劣化しやすく、寿命が短くなりやすいし、低温で性能が低下しやすい。

　そこで、二次電池以外の蓄電装置が検討されている。ここでおもな例として、電気二重層キャパシタや、リチウム

イオンキャパシタ、フライホイール蓄電装置を紹介しよう。これらは化学反応をともなわず、物理的に蓄電するので、寿命が長いなどの利点がある。技術的な課題はあるが、今後電動自動車をさらに発達させる可能性を秘めている。

■**すでに自動車で実用化された電気二重層キャパシタ**

　電気二重層キャパシタは、二次電池よりも短時間で充電・放電ができ、寿命が長い蓄電装置で、「ウルトラキャパシタ」とも呼ばれている。その特長は、すでに一部のガソリン自動車の燃費向上に生かされている。

　電気二重層キャパシタは、コンデンサ（キャパシタ）の１種だ。２つの電極を電解液に浸ける構造で、化学電池に似ているが、化学反応をともなわず、電荷を蓄える（図6-3）。物質移動がないので、寿命が長い。

　電解液には、プラスとマイナスのイオン（陽イオンと陰イオン）があり、２つの電極の間に電圧をかけることで充電する。電圧をかけていないときは、陽イオンと陰イオンが均一に分散しているが、電圧をかけると、陽イオンは負極、陰イオンは正極に吸着し、コンデンサ（キャパシタ）のように電荷を蓄える層ができる。

　この層は、電気二重層と呼ばれる。厚さが1nm（nmはナノメートルで、1nmは1mmの100万分の１）程度ときわめて薄い層で、多くの電荷を蓄えることができる。２つの電極に電気を消費する負荷をつなぐと、蓄えた電気を放電する。

第6章　電動自動車の新技術

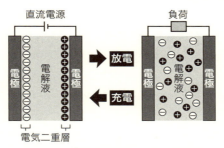

図6-3　電気二重層キャパシタの原理

　実際の正極と負極の表面には活性炭素が塗ってあり、正極と負極の間にショートを防ぐセパレータがある。電極に活性炭素を塗るのは、電解液とふれる部分の表面積を増やし、蓄える電気量を増やすためだ。

　販売されている製品の形状は、円筒形または箱形だ。円筒形は、円筒形の容器に細長いセルを巻いて入れてある。箱形は、箱形の容器に短いセルを複数重ねて入れてある。

　電気二重層キャパシタは、内部の電気抵抗が小さいため、二次電池よりも短い時間で充電・放電ができる。充電・放電できる回数は、10万～100万回だ。いっぽう、エネルギー密度がリチウムイオン電池よりも小さく、大容量化は難しいとされるが、今後の性能の向上が期待されている。

　電気二重層キャパシタは、第5章で紹介した簡易型ハイブリッド自動車の一部で使われている。導入した車種には、マツダの「アテンザ」（2012年一般販売開始）や、ホンダの新型「フィット」（2013年一般販売開始）がある。

■エネルギー密度を高めたリチウムイオンキャパシタ

リチウムイオンキャパシタは、電気二重層キャパシタの原理を応用し、エネルギー密度を高めた蓄電装置だ。電気二重層キャパシタの負極を、リチウムイオン電池の負極に置き換えた構造で、従来の電気二重層キャパシタよりも静電容量が大きく、エネルギー密度が高い。ただし、セルの劣化を防ぐ制御回路が必要で、価格が高価になるなど、技術的課題がある。

■フライホイール蓄電装置

フライホイール蓄電装置は、原理がシンプルで、半世紀以上前から電動自動車への搭載が検討されている。フライホイール（はずみ車）とモーターを組み合わせた構造で、電気エネルギーを運動エネルギーに変換して蓄える（図6-4）。

充電や放電では、電気がモーターに出入りする。充電のときは、モーターに電気が流れ、フライホイールが回転する。電気を停めると、フライホイールが回転し続ける。放電するときは、回生ブレーキと同様に、モーターが発電機の役割をするので、モーターがフライホイールによって回されて、発電する。

フライホイール蓄電装置は、20万回以上の充電・放電が可能だ。ミリ秒単位の入出力ができるので、大電流を瞬時に流すこともできる。リチウムイオン電池のように高価な材料を使わないので、コストを抑えやすい。ただし、エネ

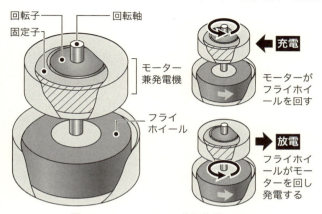

図6-4　フライホイール蓄電装置の原理

ルギー密度が低く、大容量の蓄電が難しいなどの弱点もある。

　フライホイール蓄電装置は、1950年代にスイスの電気バスで試験的に導入されたことがあり、近年はハイブリッドレーシングカーで二次電池の代わりに導入された例がある。

　電動自動車への本格的な実用化には至っていないが、二次電池以外の蓄電装置として注目されている。

6-4　電力供給源になった電動自動車

■きっかけは東日本大震災

　現在日本では、電動自動車は、走行中の環境負荷が小さ

いだけでなく、電力供給源にもなる点が注目されるようになった。これまでになかった傾向だ。

このきっかけは、2011年に発生した東日本大震災だ。このときハイブリッド自動車は、被災地の非常用電源として役立った。ガソリンで発電する移動式の発電装置になり、一部車種の車内にあったコンセントで、電力を供給することができたからだ。

現在日本で販売されている電動自動車では、車内に大容量の電力を供給できるコンセントを設けたり、停電時に一般家庭に電力供給するシステムと連動できる車種が増えた。たとえば、第5章で紹介した「アウトランダーPHEV」の車内には、最大1500Wの電力を供給できるコンセントがあり、災害などの非常時だけでなく、キャンプなどのアウトドア・レジャーでも使える。

■電動自動車と一般家庭を連動させる

電動自動車と一般家庭をつないで連携させる「Vehicle to Home（略称V2H）」というシステムも開発されている（図6-5）。停電時に電動自動車が一般家庭に電力を供給で

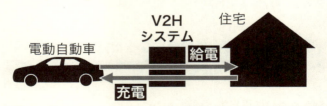

図6-5 「Vehicle to Home（V2H）」。電動自動車と住宅の間で電気のやりとりができる

きるだけでなく、一般家庭の電気代を節約できるものもある。電動自動車が深夜に充電し、昼間に一般家庭に電力を供給すれば、深夜料金利用やピークシフトで電気代を減らすことができる。代表例に日産の「LEAF to Home」がある。

第7章 電動自動車の今後

Future

HONDA
CLARITY FUEL CELL

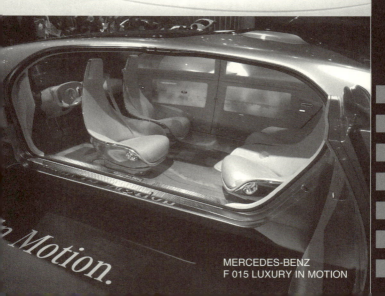

MERCEDES-BENZ
F 015 LUXURY IN MOTION

電動自動車の状況は、近年刻々と変化しており、海外では日本よりも一歩進んだ取り組みも行われている。本章では、電動自動車に関する近年の取り組みを見ながら、将来それが増えるための課題を探ってみよう。

7-1　広がる電動自動車の領域

■バスも電動化へ

第6章までおもに乗用車の話をしたが、電動化の波はバスにも及んでいる。現在国内では、とくに東京でバスの電動化が積極的に進められている。

東京では、ディーゼルハイブリッドバスがすでに走っており、東京都交通局が100台以上を導入している。また東京都は、都心と臨海部を結ぶバス高速輸送システム（BRT）を2019年度に運行開始することを予定しており、これに燃料電池バスを導入すると発表している。いっぽうトロリーバスを除く電気バスは、墨田区や羽村市などで運行されている。国内では、ディーゼルハイブリッドバスを導入した都市が複数あるが、電気バスの導入例は少ない。

■ロンドンにも電気バス

同様の動きは、海外にもある。たとえばロンドンでは、東京よりも進んだ試みがされている。

ロンドンでは、バスの電動化が急速に進んでいる。2008年からは、従来車を改造したディーゼルハイブリッドバス

が導入され、2015年10月からは、中国の比亜迪(BYD)
が製造した2階建て電気バスが導入された。BYDは、も
ともとリチウムイオン電池などを製造する電池メーカー
で、のちに自動車事業に参入した企業だ。ロンドン市は、
将来は市内のすべてのバスを電気バスまたはディーゼルハ
イブリッドバスにする予定だ。同市は、都市におけるバ
ス・地下鉄・鉄道のすべての公共交通を電動化するのは、
世界初の試みだとしている。

　ロンドンでは、2008年にイギリスで温室効果ガスの削減
目標を示した気候変動法が規定されたこともあり、バスの
電動化に取り組み、排気ガスを減らしてきた。

■自動運転の実現へ

　乗って目的地を入力すれば、あとはハンドルやペダルを
操作しなくても自動で運転してくれる。そんな自動運転
は、もう夢の技術ではなく、実現しようとしている(写真
7-1)。電動自動車の実用化で、駆動を電気で制御できるよ
うになり、応答性が高まり、自動運転のシステムと組み合
わせやすくなったからだ。

　自動運転を実現するには、まず走行中の安全を確保する
ことが重要なので、自動車メーカーは、危険を回避しなが
ら自動的に運転するシステムを開発している。その一部機
能は、ドライバーの運転操作をサポートする運転支援シス
テムとして実用化されている。ただしシステム全体では課
題も多いので、危険を察知する画像認識など、安全を確保
するさまざまな技術の開発が現在進められている。

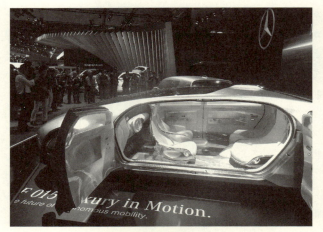

写真7-1 メルセデス・ベンツの自動運転車「F 015 Luxury in motion (ラグジュアリー・イン・モーション)」(東京モーターショー2015)

　また自動運転では、外部と情報のやり取りが不可欠だ。目的地に向かう進路を誘導するため、情報サービスや高度道路交通システム（ITS）と連動し、地図データや交通状況などの情報を収集する必要があるからだ。このため、グーグルやアップルなどのIT企業も、開発に参入している。ただ、自動車が外部と通信すると、パソコンのようにハッキングされる恐れもあるので、対策が検討されている。

　自動運転を応用した隊列走行の技術も開発が進んでいる。隊列走行とは、複数の車両が隊列を成して走ることで、車両同士が互いに通信（車車間通信）し合うことで、一定の間隔を保ちながら走行する。

　もしトラックで隊列走行が実現すれば、先頭の車両に運

第7章 電動自動車の今後

転手が1人乗るだけで、複数のトラックを一度に走らせることができ、大量の貨物を運ぶことができる。完全自動化すれば、運転手がいなくても運ぶことができ、物流業界の運転手不足にも対応できる可能性があると期待されている。

■東京五輪で無人バスが走る

運転手がいない無人バスの隊列走行は、2005年の愛知万博で実施されたことがある。これは、「IMTS」(写真7-2)と呼ばれる次世代交通システムで、圧縮天然ガスを燃料とする大型低公害バスが3台連なって走った。このバスは、進路を誘導する磁気マーカーを路面に埋め込んだ専用道を走るもので、公道を走行するものではなかった。

現在検討されている自動運転や隊列走行は、磁気マーカーがない公道を走行できるものだ。電気バスや燃料電池バ

写真7-2 2005年に愛知万博の会場を走った「IMTS」。運転手がいない自動運転で3台が隊列走行した

スに導入することも検討されている。

それは、2020年の東京五輪会期中に実現する可能性がある。読売新聞は、2015年1月5日に、政府が先端科学技術の開発期間を前倒しにする方針を固め、具体例として「（会期中に）首都高速に『オリンピックレーン』を作り、無人運転で輸送効率を3倍に」する方針があると報じた。また、経済産業省がまとめた『自動車産業戦略2014』には、グローバル戦略として、東京五輪が日本の自動車技術を海外にアピールする場にもなり、「大会運用の輸送手段として、燃料電池自動車や電気自動車等の次世代自動車が活躍する機会になる」と記されている。これらの情報から、無人運転の燃料電池バスまたは電気バスが、3台で隊列走行する可能性があると考えられる。

7-2　新しい給電の可能性

■ワイヤレス給電で走りながら充電が可能に

電気自動車が外部から非接触で電気を取り込むワイヤレス給電は、日本では本格的に導入されていない。一部の電気バスで、停車中の充電に、ワイヤレス給電が使われているのみだ。いっぽう海外では、ワイヤレス給電を積極的に導入する動きがある。

韓国では、走りながら充電する電気バスがすでに営業運行している。亀尾市では、電気バスが全長約24kmの路線を走っており、路面に埋め込まれた充電装置から電気を取

り込んでいる。充電装置は、全体の約1割の区間にあり、電気バスが接近すると作動し、電磁誘導方式で電気を伝える。

　電気自動車がワイヤレス給電できる道路を整備する動きもある。たとえばイギリス政府は、電磁誘導方式のワイヤレス給電できる道路や充電スタンドを増やす実証実験を計画している。

■電車のように集電するトラック

　海外では、ワイヤレスではなく、直接給電する方式がトラックで実用化する動きがある。電車のように、道路上に張った電線（架線）にパンタグラフを接触させ、集電する方式は、電気バス（トロリーバス）で実用化されている

写真7-3　「eHighway」。ハイブリッドトラックが電車のようにパンタグラフで集電して走る（写真：シーメンスAG）

が、それをトラックで実施しようとしているのだ。

その一例に、「eHighway（イーハイウェイ）」がある（写真7-3）。ドイツのシーメンスが開発したシステムで、2016年にアメリカのカリフォルニア州のロサンゼルス～ロングビーチ間（約30km）に導入される予定だ。トラックは、ディーゼルハイブリッドトラックで、架線を張った専用道路では電気を集電しながらモーターで駆動し、架線がない一般道路ではおもにディーゼルエンジンで駆動する。物流の需要が高い区間に導入されるので、環境負荷の大幅な低減につながると期待されている。

7-3 電動自動車のこれから

■電動自動車は「エコ」なのか

ここからは、電動自動車の現状を踏まえて、将来に向けた課題を探ってみよう。

今後電動自動車が増えるためには、その目的を明らかにする必要がある。ただ、それがかならずしも明らかとは言えないのが現状だ。

たとえば電動自動車は、日本では一般的に「エコカー」と呼ばれるが、本当に「エコ」と言えるかは、客観的に判断するのが難しい。電動自動車を製造するときや、それ自身が消費する燃料や電気をつくるときにも、CO_2など、環境に負荷をかけるとされる物質を出すことがあるからだ。

たとえば、燃料電池自動車や電気自動車は、走行中にCO_2

第7章　電動自動車の今後

を排出しないが、製造時や廃棄時にCO_2を排出することがある。また、充塡する水素の製造や運搬、充電する電気の発電で、CO_2を排出することがある。このため、トータルで見ると、かならずしも排出量がゼロとは言い切れない。

ただし、CO_2などの排出量を客観的に評価する指標は存在し、例として「LCA」や「Well to Wheel（ウェル・トゥ・ホイール）」がある。「LCA」は、自動車の製造から廃棄に至るまでのライフサイクルでの環境負荷を定量的に評価する指標だ。LCAはLife Cycle Assessment（ライフサイクル・アセスメント）の略だ。「Well to Wheel」は、一次エネルギー源の採掘から車両走行までに至るまでの環境負荷を定量的に評価する指標だ。石油燃料であれば、油田（Well）で原油を採掘してから、自動車の車輪（Wheel）の駆動までに使われるまでにどれだけ環境負荷を与える物

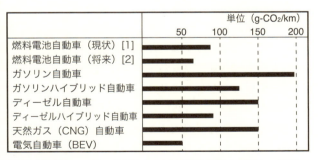

[1] 実証結果トップ値，[2]FC システム効率 60％と文献トップ値
その他のデータ：文献トップ値，電力構成：日本の平均電源構成

図7-1　各種自動車の1kmあたりのCO_2排出量比較（日本自動車研究所2006年3月発表）

質を出したかを評価する。

図7-1は、各種自動車が排出するCO_2を「Well to Wheel」で評価した比較データの一例で、前述したJHFCが2006年に発表した調査結果だ。この結果では、燃料電池自動車や電気自動車の排出量は少ないがゼロではないことがわかる。また、燃料電池自動車の現状とディーゼルハイブリッド自動車がほぼ同等で、燃料電池自動車の優位性が示しにくい状況もわかる。

ただし、同様の比較データは世界に多数存在する。水素製造や発電の状況は、国によっても異なるので、それぞれ結果が異なる。

■普及と課題

自動車の電動化は、走行中の環境負荷を小さくするだけでなく、自動車のパワートレインに大きな変革をもたらした。その反面、課題もある。

たとえば設計や保守は、従来よりも難しくなった。内燃自動車よりも電気・電子関連の部品が増え、部品のブラックボックス化も進み、従来の内燃自動車で培った手法だけでは対応できなくなった。設計においては、機械だけでなく、電気や化学の知識も必要となった。保守においては、自動車整備士の教育が課題になっている。

自動車産業の状況も大きく変わった。前述したように、電気自動車の開発においては、中国や韓国などが力をつけており、日本の自動車産業も油断できない状況にある。

とはいえ自動車産業は、日本の基幹産業でもある。日本

自動車工業会のウェブサイトには、自動車関連産業に直接・間接に従事する就業人口は約550万人で、国内全就業人口の8.7％を占めていると記されている。先ほど紹介した『自動車産業戦略2014』には、自動車産業は、高い国際競争力を有し、貿易黒字の約5割を占める外貨の稼ぎ頭であると記されている。また、「国民産業」であり、日本を代表する「ブランド」であるとも記されている。

　その重要さゆえに、政府が国家戦略の一環として、付加価値の高い電動自動車の開発を推進し、自動車産業の発展を支えようとするのは、自然の流れであろう。また、第1章で紹介した日本のエネルギー事情の脆さを考えれば、補助金を出して電動自動車や水素社会の普及を推進し、原油への依存度を下げようとするのも当然であろう。ただ、今後は、政府がそれらの意図を国民にわかりやすく伝え、国民がそれを他人事とせず知ることが必要になるのではないだろうか。

　いっぽう、世界全体で見ると、電動自動車が増えることは、自動車全体の性能向上につながると考えられる。現在自動車の大部分を占める内燃自動車も、電動自動車の増加の影響を受けて発達し、燃費向上や排気ガス削減を少しずつ図ってきたからだ。

あとがきにかえて

　将来を見通すのは難しい。少なくとも筆者は、今から20年前に、今の自動車の状況を予想することはできなかった。当時筆者は卒業を控えた大学4年生で、「電気自動車や燃料電池自動車の時代がもうすぐ来る」と恩師から繰り返し聞いていたが、まことに失礼ながら半信半疑で、本当に来るとは確信できなかった。

　当時筆者が見た電気自動車は、実用化にほど遠いものだった。学術学会（電気化学会）の会場に展示された試作車は、まるで「電池を運ぶためのクルマ」で、後部座席のスペースは、鉛蓄電池でびっしりと埋め尽くされていた。

　これは、1995年3月の話。ニッケル水素電池やリチウムイオン電池は量産化されたばかりで、「プリウス」もまだ販売されていなかった。二次電池は、エネルギー密度で石油燃料を超えられないので、電気自動車の実現は難しいとも言われた。燃料電池は、大型の定置型のみしか実用化されていなかった。電動自動車や燃料電池自動車が公道を走る日が来るとはとても思えない状況だった。

　それから20年以上が経ち、街中で当たり前のようにハイブリッド自動車を見かけるようになった。電気自動車はもはや珍しいものではない。おそらく燃料電池自動車もそうなるだろう。筆者は「ミライ」を試乗し、「とうとうこの時代が来たか」と感じた。

あとがきにかえて

　本書は、そんな筆者がいつか書きたいと思っていた本だ。もちろん、これまでと同様に三現主義を重視し、可能な限り自動車の実物を試乗し、当事者に確認し、正確な内容を記すよう心がけたが、自動車の書籍を書くのはこれが初めてなので、内容に誤りなどがあるかもしれない。もしお気づきになられたら、お聞かせいただければ幸いである。

　本書の制作では、多くの方にお力添えをいただいた。
　まず、自動車や電機のメーカーなどの企業、博物館などには、写真などの資料を提供していただいた。自動車の専門家には、内容チェックをしていただいた。
　電池関連の内容は、山形大学の仁科辰夫教授や、東北大学の伊藤隆准教授に査読していただいた。お二人は大学時代の研究室の先輩で、長時間のディスカッションにも応じていただいた。この研究室のリーダーだったのは、冒頭に紹介した恩師である、東北大学の内田勇名誉教授である。内田先生には、筆者がメーカーを辞めて独立したときに、将来燃料電池やリチウムイオン電池に関係する本を書くことをお約束したが、それから10年以上経ち、実現した。
　講談社の中谷淳史さんや家田有美子さん、慶山篤さん、そして同社校正室の方々には、鉄道や首都高速の書籍に続いてお力添えをいただいた。
　この場をお借りして厚く御礼申し上げます。

2016年1月　川辺謙一

おもな参考文献および図版の出典

以下、順不同

【全章共通】
■自動車
[0-1] 廣田幸嗣・小笠原悟司編著，船渡寛人・三原輝儀・出口欣高・初田匡之著：電気自動車工学―EV設計とインテグレーションの基礎―，森北出版，2010
[0-2] 森本雅之：電気自動車―電気とモーターで動く「クルマ」のしくみ，森北出版，2009
[0-3] 廣田幸嗣・足立修一編著，出口欣高・小笠原悟司著：電気自動車の制御システム―電池・モータ・エコ技術，東京電機大学出版局，2009
[0-4] 安部正人，自動車の運動と制御―車両運動力学の理論形成と応用（第2版），東京電機大学出版局，2012
[0-5] 飯塚昭三：燃料電池車・電気自動車の可能性，グランプリ出版，2006
[0-6] 飯塚昭三：ハイブリッド車の技術とその仕組み―省資源と走行性能の両立，グランプリ出版，2014
[0-7] 日刊工業新聞社編・次世代自動車振興センター協力：街を駆けるEV・PHV―基礎知識と普及に向けたタウン構想，日刊工業新聞社，2014
[0-8] 福田京平：電池のすべてが一番わかる，技術評論社，2013
[0-9] 二次電池の開発と材料，シーエムシー出版，1994
■政策（自動車・エネルギー・水素社会）
[0-10] 経済産業省自動車課編集：『自動車産業戦略2014』，日刊自動車新聞社，2015
[0-11] 日本政府：日本再興戦略―JAPAN is BACK―，平成25年6月14日付
[0-12] 経済産業省資源エネルギー庁：平成25年度（2013年度）エネルギー需給実績を取りまとめました（速報），平成26年11月14日付ニュースリリース
[0-13] 経済産業省資源エネルギー庁総合資源エネルギー調査会基本政策分科会：エネルギーを巡る国際情勢について，平成25年8月
[0-14] NEDO水素エネルギー白書2014，独立行政法人新エネルギー・産業技術総合開発機構，2014

おもな参考文献および図版の出典

■関連ウェブサイト
○自動車メーカー
トヨタ自動車，日産自動車，本田技研工業，三菱自動車工業，マツダ，ダイハツ，トヨタ車体，テスラモーターズ，ゼネラルモーターズ（GM），フォード，ダイムラー（メルセデスベンツ日本），フォルクスワーゲン，BMW，比亜迪（BYD），現代
○次世代自動車
一般社団法人次世代自動車振興センター，国立研究開発法人新エネルギー・産業技術総合開発機構，燃料電池実用化推進協議会
○電池，キャパシタ関連
一般社団法人電池工業会，ソニー，パナソニック，NEC，東芝，日本ケミコン

【第1章】
[1-1] トヨタテクニカルディベロップメント編集：トヨタ・テクニカル・レビュー（特集・MIRAI），Vol.61，231，トヨタ自動車技術管理部，2015.3
[1-2] 取扱書「MIRAI」，トヨタ自動車，2014年11月18日（初版）
[1-3] MIRAI（公式パンフレット・2014年12月発売開始時点），TV011110-1412，トヨタ自動車
[1-4] CVTとは（技術広報資料），ダイハツ広報発表，
http://www.daihatsu.co.jp/wn/tech_p/cvt0606/
[1-5] 日産リーフ――今までにない運転感覚（2015年マイナーチェンジ前），日産自動車ウェブサイト，
http://ev.nissan.co.jp/LEAF/POINT/point3.html
[1-6] 燃料電池とは，燃料電池実用化推進協議会ウェブサイト，
http://fccj.jp/jp/aboutfuelcell.html
[1-7] 電池の種類，一般社団法人電池工業会ウェブサイト，
http://www.baj.or.jp/knowledge/type.html
[1-8] 池田宏之助著：燃料電池のすべて，日本実業出版社，2001
[1-9] 燃費測定モードについて，自動車局技術安全部環境課温暖化対策室，国土交通省自動車局ウェブサイト，
http://www.mlit.go.jp/jidosha/sesaku/environment/ondan/fe_mode.pdf

図1-2：[1-1] p16と [1-2] p70参照して作図，図1-5：[1-3] p34参照し

て作図，図1-11：[0-1] p56図3.10参照して作図，図1-12：[1-4] 一部改変，図1-13：[1-5] 一部改変，図1-17：[1-6] 一部改変，図1-18：[1-7] 一部改変，図1-19：[1-8] p17参照して作図，図1-20：[1-8] p127参照して作図，図1-22：p126参照して作図，写真1-6：[1-3] p21を参照して作図，図1-23：p13図2参照して作図，p80：[1-9] p2参照して作図

【第2章】
[2-1] 水素ステーション運用コスト低減がFCV普及加速の鍵に？，Infoseekニュース（出典表記はJX日鉱日石エネルギー），
http://news.infoseek.co.jp/article/clicccar_290820/
[2-2] FCVと水素ステーションの普及に向けたシナリオ，
燃料電池実用化推進協議会，2010年3月，
http://fccj.jp/pdf/22_csj.pdf
[2-3] CHAdeMO Global Communication Package, CHAdeMO Association, CHAdeMO Website（英語），
http://www.chademo.com/pdf/CHAdeMOCommunication(10.08).pdf
[2-4] 戸建住宅にお住まいの場合，充電について，EVポータル，
http://www.ev-life.com/charging/introduction.html
[2-5] 水素ステーションの普及に向けた，現状の問題と将来の課題，水素のはなし第6回，水素・燃料電池実証プロジェクト，
http://www.jari.or.jp/Portals/0/jhfc/column/story/06/index.html
[2-6] 自動車保有台数推移表（昭和41年～平成27年），わが国の自動車保有動向，一般財団法人・自動車検査登録情報協会，
https://www.airia.or.jp/publish/statistics/ao1lkc00000000z4-att/03_1.pdf

図2-2：[2-1] 一部改変，図2-3：[0-14] p5図1-1一部改変，図2-4：[2-2] 一部改変，図2-6：[2-3] p18一部改変，図2-7：[2-4] 一部改変，図2-8：[0-7] p37一部改変，図2-9：[2-5] と [2-6] を組み合わせ作図

【第3章】
[3-1] 日産リーフ（公式パンフレット・2015年マイナーチェンジ前），C3407-4051AAA，日産自動車
[3-2] リーフとの生活（日産リーフ取扱説明書・2015年マイナーチェ

ンジ前・2015年5月9日公開),日産自動車ウェブサイト

図3-1:[1-5],図3-4:[0-8] 図4-8-2,図3-5:[0-8] 図4-8-7,図3-6:[0-8] 図4-10-2

【第4章】

[4-1] Allis-Chalmers Fuel Cell Tractor, The National Museum of AMERICAN HISTORY, Smithsonian (米・スミソニアン博物館), http://americanhistory.si.edu/collections/search/object/nmah_687671

[4-2] GM Electrovan: ani auta na palivové články nejsou nová, tohle je z roku 1966, autoforum.cz ,
http://www.autoforum.cz/fascinace/gm-electrovan-ani-auta-na-palivove-clanky-nejsou-nova-tohle-je-z-roku-1966/

[4-3] Chris Paine: Who Killed the Electric Car? (邦題・誰が電気自動車を殺したか), Sony Pictures Classics, 2006 (ドキュメンタリー映画,日本語字幕版DVDは2008年発売)

[4-4] Chris Paine: Revenge of the Electric Car, Docurama Films, 2011 (ドキュメンタリー映画,英語版のみ)

[4-5] カリフォルニア州大気資源局,先進クリーン自動車プログラムを発表,デイリーレポート (2011年12月14日号),NEDOワシントン事務所,
http://www.nedodcweb.org/dailyreport/2011_files/2011-12-14.html

図4-2:[4-2] 参照して作図,図4-3:[0-5] p150参照して作図,図4-4:[1-1] p16一部改変

【第5章】

[5-1] トヨタテクニカルディベロップメント編集,トヨタ・テクニカル・レビュー (特集・プリウス), Vol.57, No.1, 226, トヨタ自動車技術管理部, 2010.3

[5-2] 取扱書「PRIUS (3代目)」, 01999-47A78, トヨタ自動車, 2015年2月4日 (3版)

[5-3] PRIUS (3代目公式パンフレット・2015年10月時点), Z01003―1507, トヨタ自動車

[5-4] 碇義朗:ハイブリッドカーの時代—世界初量産車トヨタ「プリ

ウス」開発物語，光人社，2009
[5-5] 環境技術，テクノロジーファイル，トヨタ自動車，
http://www.toyota.co.jp/jpn/tech/environment/technology_file/
[5-6] 奥田碩・久保馨・茨木隆次・安保正治・大朋昭祐・宮崎寛：乗用車用量産化ハイブリッドシステムの開発，機械振興，31, 1998.12
[5-7] 大井敏裕：トヨタにおける環境戦略 ハイブリッドカー・プリウスの開発，第1回QFDフォーラム，朝日大学産業情報研究所所報，第9号, 2001.2

図5-6b：[0-8] 図4-6-3，図5-7：[0-3] 図4.6と[5-5] を参考に作図，図5-8：[0-3] 図4.12を参照して作図

【第6章】
[6-1] 三菱自動車，新型インホイールモーターを4輪に搭載した実験車『ランサーエボリューションMIEV』で「四国EVラリー2005」に出場，2005年8月24日付プレスリリース，三菱自動車，
http://www.mitsubishi-motors.com/jp/corporate/pressrelease/corporate/detail1321.html

図6-1：[6-1]，図6-2：[0-3] 図4.16参照して作図

【第7章】
[7-1] 総合効率とGHG排出の分析 報告書，総合効率検討作業部会，財団法人 日本自動車研究所，2011.3,
http://www.jari.or.jp/Portals/0/jhfc/data/report/2010/pdf/result.pdf

図7-1：[7-1] 図4-5参照して作図

【章扉】
写真はすべて筆者撮影
p83：練馬水素ステーション（東京都練馬区），p139：トヨタ博物館（愛知県長久手市），p211：自動車技術展2015（パシフィコ横浜），p227：東京モーターショー2015（東京ビッグサイト）

その他特記以外の写真：筆者撮影

さくいん

【数字・英字】

10・15モード	81
1充電走行可能距離	→航続可能距離
3Dファインメッシュ流路	63
4輪独立モーター走行システム	217
BEV	→バッテリー式電気自動車
BRT	→バス高速輸送システム
CaFCP	→カリフォルニア燃料電池パートナーシップ
CHAdeMO	94
Chevrolet Electrovan	→シボレー・エレクトロバン
Chevrolet Volt	→シボレー・ボルト
CO_2	→二酸化炭素
Combo	95
CLARITY FUEL CELL	167
coms	→コムス
CVT	→無段変速機
Dy	→ジスプロシウム
eHighway	234
Eliica	→エリーカ
eneloop	→エネループ
e-up!	131
EV	→電気自動車
EV1	151
EVドライブモード	181
FCHV-BUS	157
FCV	→燃料電池自動車
FCV CONCEPT	167
FCX CLARITY	159
FC昇圧コンバータ	66
FCスタック	33
HEV	→ハイブリッド自動車
HV	→ハイブリッド自動車
HYDROGEN1	157
i3	131
i-MiEV	127
IMTS	231
i-ROAD	137

245

ITS →高度道路交通システム	
JC08モード	81
JHFC →水素・燃料電池実証プロジェクト	
LCA	235
LEAF →リーフ	
MEA →膜・電極接合体	
MEGA WEB	24
MIRAI →ミライ	
Nafion	67
NCSカード	97
Nd →ネオジム	
NEBUS	155
NECAR1	155
NECAR3	155
NOx →窒素酸化物	
PEFC →固体高分子形燃料電池	
PEM →固体高分子膜	
PHEV →プラグイン・ハイブリッド自動車	
PHV →プラグイン・ハイブリッド自動車	
PIVO	218
PM →粒子状物質	
PRIUS →プリウス	
PTC素子	124
PWM →パルス幅変調	
SCiB	96, 127
SiC →炭化ケイ素	
SOx →硫黄酸化物	
TeRRA	167
V2H	224
Vehicle to Home →V2H	
Well to Wheel	235
X-TRAIL FCV	159
ZEV	150
ZEV法	150

【あ行】

アイミーブ →i-MiEV	
アイロード →i-ROAD	
アウトランダー PHEV	208, 224
イーハイウェイ →eHighway	
硫黄酸化物	23
移動式	86
インサイト	201
インバータ	41
インホイールモーター	212
インホイールモーター駆動	143, 212
ウェル・トゥ・ホイール	

→Well to Wheel		ガスタービンエンジン	207
運転支援システム	229	ガソリン改質形	157
永久磁石形同期モーター		ガソリン自動車	140
	68, 160	ガソリンスタンド	99
液化水素ローリー	86	褐炭	88, 89
エネチャージ	205	活物質	196
エネファーム	58	過渡モード	203
エネルギー効率	36	過放電	122
エネルギー密度	119	カリフォルニア燃料電池パートナーシップ	156
エネルギーモニター			
	35, 175, 197	急速充電	92
エネループ	192	キュニョー，ニコラ	140
エリーカ	216	協調制御	204
エンジン停止機構	185	駆動用バッテリー	36
エンジンブレーキ	38	グラファイト	121
応答時間	49	クラリティ →FCX CLARITY	
大型プロジェクト	150		
大型路線ハイブリッドバス		クラリティ フューエル セル →CLARITY FUEL CELL	
	206		
オフサイト型	86	下水汚泥	88, 89
オンサイト型	86	高圧水素タンク	73
		光化学スモッグ	149
【か行】		高剛性ボディ	53, 118
		公称電圧	119, 192
改質器	59	航続可能距離	106
回生ブレーキ	38, 165	高度道路交通システム	230
加湿器	61	黒鉛 →グラファイト	
過充電	122	固体高分子形燃料電池	59

固体高分子膜	59	触媒	55
コネクター	115	シリーズ方式	199
コバルト酸リチウム	121	シリーズ・パラレル方式	199
コムス	136	磁励音	40, 108, 109
混合気	49	水素	69
コンセプト	→FCV CONCEPT	水素吸蔵合金	72, 158, 192
		水素社会	70
コンバータ	41	水素充填	70
コンベンショナル方式	128	水素ステーション	70, 85
コンボ	→Combo	水素・燃料電池実証プロジェクト	156

【さ行】

水素・燃料電池戦略ロードマップ　90

サイクル寿命	122, 194
ジェナッツィ, カミーユ	143
ジスプロシウム	69
自動運転	229
自動車産業戦略2014	232

スケートボード型シャシー　214

スプリット方式	201
セパレータ	61
ゼブ法	→ZEV法
セル	59
セルスタック	59
操縦安定性	50, 118
ソーラーカー	128

シボレー・エレクトロバン　154

シボレー・ボルト	208
車車間通信	230
ジャメ・コンタント	143
車両接近通報装置	44, 107
充電スタンド	91
充電ポート	115
出力特性	45
昇圧機	86

【た行】

大気汚染	149
ダイムラー, ゴットリープ	141

ダイレクトドライブ方式	129	転舵角	212
ダビッドソン，ロバート	141	デンドライト	123
タービンEVバス	207	電波方式	98
たま電気自動車	148	電費	82, 106
炭化ケイ素	215	統括制御システム	219
蓄圧器	86	動力分割	190
蓄電装置	219	動力分割機構	187
窒素酸化物	23	道路運送車両法	149
チャデモ →CHAdeMO		トルーベ，ギュスターブ	141
超小型モビリティ	134		
直列方式 →シリーズ方式		【な行】	
低公害バス	206	内燃自動車	101, 142
低重心化	118	ナフィオン →Nafion	
ディーゼル自動車	142	鉛蓄電池	57
ディーゼルハイブリッドバス	228	二酸化炭素	23
定置式	86	ニッケル水素電池	57, 191
デフレス方式	128	日産ニューモビリティコンセプト	137
テラ →TeRRA		ニーバス →NEBUS	
電解液	123	ネオジム	69
電気化学反応	53	ネオジム磁石	68, 160
電気自動車	104, 140	ねじり剛性	52, 118
電気二重層キャパシタ	220	ネッカーワン →NECAR1	
電気バス	166, 223, 229	燃費	81
電気分解	53	燃料電池	53
電磁界共鳴方式	98	燃料電池自動車	22
電磁誘導方式	98		

【は行】

ハイドロジェンワン →HYDROGEN1
ハイブリッド自動車 161, 172
ハイブリッドレーシングカー 223
パーカー, トーマス 141
バス高速輸送システム 228
白金担持カーボン 61
バッテリー式電気自動車 127
バネ下重量 213
パラレル方式 199
パルス幅変調 42
パワーコントロールユニット 31
パワートレイン 30
パワー半導体 41, 215
ピボ →PIVO
フォードT型 146
副生水素 88
普通充電 92
フッ素系スルホン酸膜 67
フライホイール蓄電装置 222
プラグイン・ハイブリッド自動車 163, 169
プリウス 161, 172
分割方式 →スプリット方式
ベイカー・エレクトリック 145
平均走行距離 132
並列方式 →パラレル方式
ベルト式CVT 47
ベンツ, カール 99, 141
ベンツ, ベルタ 100
放電深度 122
ポルシェ, フェルディナント 142

【ま行】

マイクロハイブリッド 204
マイルドハイブリッド 204
膜・電極接合体 59
マスキー法 149
ミクステ 143
溝流路 63
ミッドシップ 51
ミライ 22
無公害車 →ZEV
無段変速 190
無段変速機 47
メガウェブ →MEGA WEB
メタノール改質形燃料電池 155

モデルS　　　　　　　131

【や行】

遊星歯車機構　　　　　187
ヨー慣性モーメント　　 50

【ら行】

ライフサイクル・アセスメント　→LCA
ラミネート形　　　　　125
リチウムイオンキャパシタ
　　　　　　　　　　222
リチウムイオン電池　57, 119
リーフ　　　　　　　　104
粒子状物質　　　　　　 23
レアアース　　　　　　 69
レドックスシャトル機能 196
ローナー・ポルシェ　　143

【わ行】

ワイヤレス給電　　98, 232

N.D.C.537　251p　18cm

ブルーバックス　B-1959

図解・燃料電池自動車のメカニズム
水素で走るしくみから自動運転の未来まで

2016年2月20日　第1刷発行
2022年3月4日　第2刷発行

著者	川辺謙一（かわべけんいち）	
発行者	鈴木章一	
発行所	株式会社講談社	
	〒112-8001 東京都文京区音羽2-12-21	
電話	出版	03-5395-3524
	販売	03-5395-4415
	業務	03-5395-3615
印刷所	（本文印刷）豊国印刷 株式会社	
	（カバー表紙印刷）信毎書籍印刷 株式会社	
製本所	株式会社国宝社	

定価はカバーに表示してあります。
©川辺謙一　2016, Printed in Japan
落丁本・乱丁本は購入書店名を明記のうえ、小社業務宛にお送りください。
送料小社負担にてお取替えします。なお、この本についてのお問い合わせは、ブルーバックス宛にお願いいたします。
本書のコピー、スキャン、デジタル化等の無断複製は著作権法上での例外を除き禁じられています。本書を代行業者等の第三者に依頼してスキャンやデジタル化することはたとえ個人や家庭内の利用でも著作権法違反です。
R〈日本複製権センター委託出版物〉複写を希望される場合は、日本複製権センター（電話03-6809-1281）にご連絡ください。

ISBN978-4-06-257959-9

発刊のことば

科学をあなたのポケットに

二十世紀最大の特色は、それが科学時代であるということです。科学は日に日に進歩を続け、止まるところを知りません。ひと昔前の夢物語もどんどん現実化しており、今やわれわれの生活のすべてが、科学によってゆり動かされているといっても過言ではないでしょう。

そのような背景を考えれば、学者や学生はもちろん、産業人も、セールスマンも、ジャーナリストも、家庭の主婦も、みんなが科学を知らなければ、時代の流れに逆らうことになるでしょう。

ブルーバックス発刊の意義と必要性はそこにあります。このシリーズは、読む人に科学的に物を考える習慣と、科学的に物を見る目を養っていただくことを最大の目標にしています。そのためには、単に原理や法則の解説に終始するのではなくて、政治や経済など、社会科学や人文科学にも関連させて、広い視野から問題を追究していきます。科学はむずかしいという先入観を改める表現と構成、それも類書にないブルーバックスの特色であると信じます。

一九六三年九月

野間省一

ブルーバックス　技術・工学関係書(I)

- 495 人間工学からの発想　小原二郎
- 733 電気とはなにか　小林昭夫
- 911 紙ヒコーキで知る飛行の原理　室岡義広
- 1084 図解 わかる電子回路　高橋久/見城尚志
- 1128 原子爆弾　山田克哉
- 1188 金属なんでも小事典　増本健「編著」/ウォーク"編
- 1236 図解 飛行機のメカニズム　柳生一
- 1281 新・電子工作入門　西田和明
- 1331 これならわかるC++ CD-ROM付　小林健一郎
- 1346 図解 ヘリコプター　鈴木英夫
- 1396 制御工学の考え方　木村英紀
- 1452 流れのふしぎ　日本機械学会"編"
- 1483 新しい物性物理　石綿良三/根本光正"著"
- 1484 単位171の新知識　伊達宗行
- 1520 図解 鉄道の科学　宮本昌幸
- 1545 高校数学でわかる半導体の原理　竹内淳
- 1553 図解 つくる電子回路　加藤ただし
- 1569 新装版 電磁気学のABC　福島肇
- 1573 手作りラジオ工作入門　西田和穂
- 1579 図解 船の科学　池田良穂
- 1624 コンクリートなんでも小事典　土木学会関西支部/井上晋"他編"

- 1628 国際宇宙ステーションとはなにか　若田光一
- 1632 ビールの科学　サッポロビール価値創造フロンティア研究所"編"/渡淳二"監修"
- 1636 理系のための法律入門　井野邊陽
- 1658 ウイスキーの科学　古賀邦正
- 1660 図解 電車のメカニズム　宮本昌幸"編著"
- 1665 動かしながら理解するCPUのしくみ CD-ROM付　加藤ただし
- 1676 図解 橋の科学　土木学会関西支部"編"/田中輝彦/渡邊英一"他"
- 1679 住宅建築なんでも小事典　大野隆司
- 1683 図解 超高層ビルのしくみ　鹿島"編"
- 1689 図解 旅客機運航のメカニズム　三澤慶洋
- 1692 新・材料化学の最前線　首都大学東京都市環境学部分子応用化学研究会"編"
- 1696 ジェット・エンジンのしくみ　吉中司
- 1701 光と色彩の科学　齋藤勝裕
- 1717 図解 地下鉄の科学　川辺謙一
- 1719 冗長性から見た情報技術　青木直史
- 1722 小惑星探査機「はやぶさ」の超技術　川口淳一郎"監修"/「はやぶさ」プロジェクトチーム"編"
- 1734 図解 テレビの仕組み　青木則夫
- 1737 放射光が解き明かす驚異のナノ世界　日本放射光学会"編"
- 1748 図解 ボーイング787 vs. エアバスA380　青木謙知
- 1751 低温「ふしぎ現象」小事典　低温工学・超電導学会"編"
- 1754 日本の土木遺産　土木学会"編"

ブルーバックス発 の新サイトが オープンしました！

- 書き下ろしの科学読み物
- 編集部発のニュース
- 動画やサンプルプログラムなどの特別付録

ブルーバックスに関する
あらゆる情報の発信基地です。
ぜひ定期的にご覧ください。

ブルーバックス　　　検索

http://bluebacks.kodansha.co.jp/